U0151141

Hybridization, Diagnostic and Prognostic of PEM FUEL CELLS

质子交换膜燃料电池

混合动力、故障诊断和预测

［法］萨米尔·杰梅（Samir Jemeï）／ 著

武烨 王震坡 ／ 译

王仁广 ／ 主审

机械工业出版社

CHINA MACHINE PRESS

燃料电池（FC）是本书的研究重点。它是一种电化学发电机，将燃料（氢）和氧化剂（空气中的氧）之间反应的化学能转换成电、热和水，可用于固定或移动式电源或交通运输。为了实现无碳排放交通运输，将氢能载体与燃料电池相结合已成为一种日益成熟的解决方案。本书重点介绍了燃料电池系统及应用，燃料电池混合动力技术、故障诊断和预测等内容，以质子交换膜燃料电池为切入点，根据法国国家科学研究中心氢燃料电池测试平台和实际应用系统（尤其是氢燃料电池电动汽车整车）的实测数据，对一些研究方法进行了系统性评估，使读者可以逐步了解相关的效益、研究方法和应对策略，比如研究需求是什么、氢燃料电池的特殊限制条件是什么、有哪些可行的方法、原理是什么、可选择哪种测试方法以及预期结果是什么等。本书可为从事氢燃料电池系统集成研发工作的工程师和研究人员提供借鉴和参考。

图书在版编目（CIP）数据

质子交换膜燃料电池混合动力、故障诊断和预测/（法）萨米尔·杰梅（Samir Jemei）著；武烨，王震坡译. —北京：机械工业出版社，2022.6（氢能与燃料电池技术及应用系列）

书名原文：Hybridization, Diagnostic and Prognostic of Pem Fuel Cells
ISBN 978-7-111-70646-5

Ⅰ.①质…　Ⅱ.①萨…②武…③王…　Ⅲ.①电动汽车-质子交换膜燃料电池
Ⅳ.①TM911.4②U469.72

中国版本图书馆 CIP 数据核字（2022）第 068398 号

机械工业出版社（北京市百万庄大街22号　邮政编码100037）
策划编辑：何士娟　　　　责任编辑：何士娟
责任校对：陈　越　刘雅娜　责任印制：李　昂
北京中科印刷有限公司印刷
2022 年 10 月第 1 版第 1 次印刷
184mm×260mm·10.25 印张·188 千字
标准书号：ISBN 978-7-111-70646-5
定价：138.00 元

电话服务　　　　　　　　　网络服务
客服电话：010-88361066　　机　工　官　网：www.cmpbook.com
　　　　　010-88379833　　机　工　官　博：weibo.com/cmp1952
　　　　　010-68326294　　金　书　网：www.golden-book.com
封底无防伪标均为盗版　机工教育服务网：www.cmpedu.com

序

能源专家通常会使用"丰富、可持续、可再生、环境友好、易获取和易利用"等术语来描述未来的理想能源。氢作为宇宙中最丰富的元素（占宇宙总质量的 75%，占宇宙原子总数的 92%），能够满足以上所有要求。因此，人们自然而然且合乎逻辑地将氢能视作未来能源的组成部分并且具有重要意义。但不巧的是，氢在地球上很少以 H_2 分子的形式存在，必须通过特定的生产方式获取。以此方法获取的氢被称为"氢能载体"，它与电能载体形成天然的对偶关系（通过水电解制氢或氢燃料电池发电可以实现两种能量载体的相互转化）。这种对偶性使得氢的利用变得格外容易，并且借助氢的这种固有特性能够降低整条能源利用链对环境的影响（实际上，氢可以且应该在不使用化石燃料的情况下进行生产）。"氢能源"作为常用术语，其中"能源"二字已经清楚地表明了氢的重要作用。

在当前迅速发展的能源变革中，能源载体形式与技术、经济和社会效益息息相关，包括氢能利用在内的颠覆性技术很值得深入研究。萨米尔·杰梅（Samir Jemeï）博士在该领域有近 20 年的丰富研究经验，也是该领域的佼佼者。他根据自身研究成果，阐明了氢燃料电池要达到技术成熟且形成具备充分竞争力的商业产品时，所需解决的主要科学问题。

本书重点介绍了氢能发电机的混合动力、健康状况（故障诊断）及寿命预测等内容，总结了近年来取得的大量科研成果。其中，基于人工智能方法进行电化学发电机的健康状态诊断与剩余寿命预测，采用先进信号处理方法实时控制氢燃料电池的能量流动等方面的优势技术，值得被重点关注。

尽管氢燃料电池系统较为复杂，但本书对于初学者而言仍具有较高的学习和参考价值。读者可以逐步了解相关的效益、研究方法和应对策略（包括研究需求是什么、氢燃料电池的特殊限制条件是什么、有哪些可行的方法、原理是什么、可选择哪种测试方法、预期结果是什么）。同时，为方便读者深入开展特定领域的研究，本书还提供了丰富的参考文献。本书使用来自氢燃料电池测试平台以及完整实际应用系统（尤其是氢燃料电池电动汽车整车）的实测数据，相应方法均已进行了系统性评估。

本书将科学理论与工程实践有机结合，对在环保固定式应用及清洁交通领域从事氢燃料电池系统集成研发工作的工程师和研究人员来说，这都是一本必不可少的参考资料。

丹尼尔·希塞尔（Daniel HISSEL）教授

弗朗什-孔泰勃艮第大学

FEMTO-ST 研究所（法国国家科学研究中心）

法国国家燃料电池实验室（法国国家科学研究中心）

法国贝尔福

2018 年 5 月

目 录

引 言

（1）主旨

2010 年，《京都议定书》认定的温室气体总排放量大约相当于 490 亿 t 二氧化碳。相比于 1970 年和 1990 年，这个数据分别上涨了 80% 和 30%[FRA 15]。显然，这些排放大部分与化石燃料的燃烧有关，由此产生的环境污染和化石资源枯竭问题更应该引起我们对全球能源系统的关注和反思。在可持续发展、Horizon 2020 和 COP21 等计划中，全球已经采取了许多措施，旨在减少温室气体排放，减少能源消耗，稳定全球变暖趋势，实现能源多样化，发展可再生能源。这将会促使全世界进入一个新的能源转型期，并逐步增加可再生能源在未来能源结构中的份额。

风能、太阳能等发电技术日趋成熟，其发电量也在不断增加。然而，这些可再生能源发电的不稳定性，意味着每天都会有更多的间歇性能量需要储存和释放以应对特定区域内的供需差异。不仅如此，还需要应对不同时段（白天/晚上、周末/工作日）以及不同季节（夏天/冬天）的周期性变化，这都将给电网管理带来许多困难。氢气已被证明是储存这种可再生能源的理想选择。利用可再生能源电解水制氢，将生成的氢气通过各种形式储存起来，以便在适当的时候使用。此外，氢气还可以加入到天然气管网中，直接用于工业生产或再通过燃料电池发电。

燃料电池（FC）作为本书的研究重点值得我们重点关注。燃料电池是一种电化学发电机，将燃料（氢气）和氧化剂（空气中的氧气）发生化学反应时释放的化学能转换成电能、热能，并生成水，可应用于固定/移动场景或交通运输领域。此外，为了减少氢气运输过程中的碳排放，将氢能载体和燃料电池结合已成为一个日益成熟的解决方案，许多世界级的汽车制造商正在生产和销售他们自己的燃料电池汽车，就是最好的例证。

在日本，有超过 20 万套燃料电池系统被安装在私人住宅中，用于发电和供热。

氢可用于多个领域，包括间歇性能源的储存、为移动型应用提供能量、满足无电网接入区域孤岛状态的局部电网供电需求，以及作为汽车、轨道交通、海洋航行或太空飞行等交通工具的动力能源等。1874 年，儒勒·凡尔纳在他的著作《神秘岛》中曾预言，"总有一天，水会被用作燃料，而构成其的氢和氧，无论是单独使用还是结合在一起，将提供取之不竭的光和热，其能量强度也是煤炭无法比拟的" [VER 74]。相信再过半个世纪，氢能社会将成为现实。

本书主要讨论与燃料电池发电技术有关的问题。尽管燃料电池技术在过去 20 年里取得了很大的进步，但仍有很多技术难题尚未完全解决，本书阐述的研究工作主要集中在燃料电池领域，主要包括电气工程和少量自动控制相关内容。

（2）各章的简介

本书共分为 4 章，具体从三个角度展开分析。

第 1 章首先简要概述了当前的能源模式以及降低碳排放的系列解决方案，然后重点介绍了氢能载体，它与燃料电池发电机关系密切，最后介绍了燃料电池发展及其应用情况，着重强调了燃料电池在交通运输和固定场景的潜在应用，并分析了其优缺点。尽管燃料电池在成本、效率、使用寿命、集成度和储氢等方面仍存在不少问题，但其具有污染物排放量少或零排放、噪声低、能源效率高、寿命长、成本低等突出优点。燃料电池是一种多物理场发电机，考虑到其辅助系统的复杂性，要充分理解燃料电池原理具有一定的难度。

第 2 章介绍了现有各种类型的燃料电池，并指出质子交换膜燃料电池（PEMFC）和固体氧化物燃料电池（SOFC）两种主要技术在交通运输和固定场景应用中属于最具前景的解决方案。无论采用哪种类型的技术，都需要大量辅助设备来支持燃料电池运行，因此整个系统的协同控制非常重要。本章对所有辅助设备进行了介绍，并特别介绍了质子交换膜燃料电池系统中消耗能量最大的部件——空气压缩机（耗能约占 10%～15%）。固体氧化物燃料电池与质子交换膜燃料电池相比，除了需要一个集成式的发电机以外，最主要的区别在于其工作温度（800℃以上）。对于这两种技术，实验实现均非常关键，它有助于我们理解燃料电池及其系统如何运行。这些实验概括起来有三类，其一是关于提高燃料电池系统耐久性的研究，其二是通过各种能源的混合优化延长燃料电池寿命，其三是关于燃料电池的故障诊断和状态预测，延长发电机的使用寿命并提高其可靠性。

第 3 章论述了能源的混合应用。在交通运输应用中，由于燃料电池系统的动态响应很慢，难以满足实际工况快速变化的需求，需将燃料电池与其他能源混合使用。此外，为了降低车辆的总能耗，需要对制动能量进行回收，这也是不具备可逆属性的燃料电池无法独立实现的。因此，将燃料电池与储能设备混合使用，才能获得更高的总体效率。在这种混合动力系统中，需要根据实际工况的功率需求进行实时能量分配，制定合理的能源管理策略。本章给出了两种方法：第一种方法采用小波变换与神经网络，适用于由燃料电池系统、蓄电池和超级电容器组成的重度混合汽车整体实时能量的管理。值得注意的是，这种能量分配仅仅使用了当前和过往的车辆功率需求单变量信号数据来计算各种能源的频率范围，实现了能量管理的实时性，延长了燃料电池的使用寿命。第二种方法基于 Type-2 模糊逻辑和遗传算法，适用于由蓄电池、超级电容器和柴油发动机组成的混合动力机车，以最大程度地减少燃料消耗。结果表明，使用人工智能工具可充分发挥各种能源的特点和动态特性优势。本章提出的高性能能量管理方法能够实现能源的最佳利用。不过，我们的研究重点还是侧重于燃料电池的使用寿命和可靠性，制造更高性能的混合动力系统。

第 4 章阐述了燃料电池故障在诊断和预测技术方面的研究进展，这两项技术有助于延长燃料电池的使用寿命，提高其可靠性。诊断方法主要用于识别故障来源和燃料电池的健康状态，为保障燃料电池发电机合理运行提供决策依据。预测和健康管理（PHM）有助于预测燃料电池运行状态，从而判断潜在的故障。可用于燃料电池诊断和预测的方法有很多，要找到有效的解决方案，首先需要深入了解燃料电池及其系统的性能衰减机制。因此，本章第一部分总结了燃料电池及其系统的衰减机制和故障模式。第二部分提出了两种诊断方法：一种是被称为"k 近邻法"的监督分类方法（基于数据）；另一种是基于小波变换的方法（基于信号）。这些方法可以诊断各种类型的燃料电池系统可能发生的故障，其准确率可以达到 90%。通过结合小波变换和能量指标，还可以用来判断燃料电池的健康状态。本章的最后一部分介绍了基于数据的预测方法，其中基于神经网络的方法可用于燃料电池的健康状况监控及未来运行状态评估。早期的研究主要基于自适应神经模糊推理系统（ANFIS），该模型能够预测电压的变化趋势，但是需要巨大的样本数据库。因此，为了减少所需的数据并获得更好的预测效果，我们使用了一种被称为回声状态网络（ESN）的新型神经网络系统。传统的神经网络由于算法复杂，计算过程非常耗时。而回声状态网络法，用复杂结构取代了复杂算法，使其研究过程比传统神经网络更快。使用遗传算法的回声状态网络和小波变换方法，取得了很好的效果，可以使燃料电池全生命周期的电压预测误差低于 10%。

第**1**章

燃料电池：氢能革命之路

1.1 概述

在 21 世纪，交通、通信和能源成为人类生活必不可少的要素。它们涉及日常生活的诸多领域，例如电信通讯、信息技术，以及家庭生活、工业生产和运输行业（公路、铁路、海运或空运）的能源供应等。为提升化石能源的有效利用率并保护环境，这些技术方式需要具备高效率和低排放特征。2010 年，全球超过 80% 的一次能源供应依赖于化石燃料[BAD 13]，这不仅会加剧环境污染，还可能导致未来能源供应紧缺。人类活动造成的温室气体排放是引起气候变化最主要和最直接的因素，化石燃料的利用会产生二氧化碳，这是导致全球变暖的主要温室气体。为了使地球表面平均温度上升不超过 2℃，2050 年前全球二氧化碳排放量应减少一半[INT 15]。为此，欧盟制定了 2020 年前应对气候变化和能源供应问题的减排目标，遵循"三个 20%"原则开始进行能源转型，即与1990 年相比，温室气体排放量减少 20%（如可能，甚至减少 30%），能源利用效率提高20%，一次能源的供应中可再生能源占比超过 20%。

本章首先将对全球能源进行简要概述，并探讨未来能源的发展方向，然后重点探讨氢能载体及其储存需求，最后介绍燃料电池发电技术及其应用。

1.2 能源：全球视角

在过去一段时间内，全球能源消费迅速增长，其中绝大部分来自化石能源。最近几年，研究者致力于开发更清洁、更高效的供能技术，并取得了重大进展。尽管人类在环境保护方面付出了诸多努力，但目前仍不能保证2050年前地球表面平均温升低于2℃。为了减缓全球变暖步伐，需要发展"混合能源"的概念，使其可以在保护资源和环境的同时满足人类的能源需求。

1.2.1 传统的能源模式

地球人口不断增多，对能源的需求正在稳步增长，化石能源将日趋枯竭，人类需要寻找可替代能源。2010年，全球80%的一次能源消耗来自化石燃料，10%来自水力，6%来自核能，3%来自生物质能，仅1%来自其他可再生能源[INT 12]。若按照此趋势持续发展，在未来20年内，大气中的二氧化碳含量可能会增加30%。为了避免这结果，我们应重点发展低碳排放的清洁能源，力争在2035年之前将碳排放量减少30%（见图1.1）。其中，太阳能、风能、水能、核能等资源及其能量利用将成为重要的技术方向（见图1.2）。因此，大力发展可再生能源联合应用技术，是满足当前产业需求并进一步开发脱碳能源的重要前提。

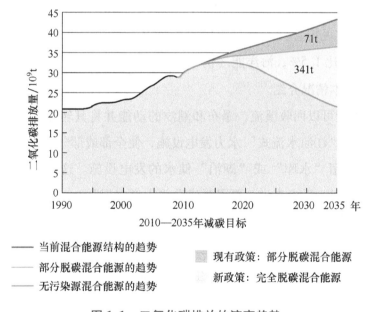

图1.1 二氧化碳排放的演变趋势

1.2.2 能源结构脱碳的解决方案

如今，已有许多可用于替代化石能源的可再生能源，如核能、太阳能等。但是，这些可能的替代方案需要综合考虑经济可行性、技术可行性和社会接受度等因素。本书重点探讨可再生能源的脱碳解决方案。

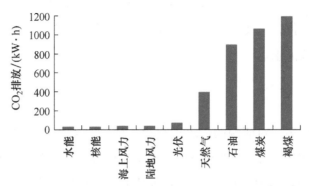

图 1.2　直接排放+基于能源的 CO_2 生命周期分析[BER 14]

"可再生能源取之不尽，用之不竭，它们主要依赖太阳能。"

2012 年，全球可再生能源发电量（包括水力发电）达到 4699.2TW·h，在全球总发电量中占比超过 20%，达到 20.8%。在六种常用可再生能源中，水电占比居首，在 2012 年占比达 78%。从 2009 年开始，风能成为第二大可再生能源，占所有可再生能源的 11.4%。生物质能排在第三位，占比 6.9%，包括固体生物质能、液体生物质能、沼气和可回收生活垃圾等。其后分别是：太阳能（包括光伏电站和光热电站），占比 2.2%；地热能，占比 1.5%；海洋能（仍处于示范阶段），占比 0.01%[OBS 13]。下面是对这些不同能源的基本情况介绍[FRE 13]。

1）水能：水能可以回收溪流、瀑布和潮汐的动能并将其转化为电能。目前主要有两种类型：一种是"江河水流式"水力发电设施，使全部或部分水流连续流经涡轮机发电；另一种是需要用"水库"或"湖泊"储水的发电设施。这两种类型的设施都需要建造水坝，特别是对于后者来说，更需要建设"大型水坝"。

2）风能：风力发电机可以将风能转换为电能。得益于技术进步、大规模生产和已积累的丰富经验，在未来几十年里，风能或许会成为最大的发电来源。

3）生物质能：生物质能与其他可再生能源之间存在较大差异，它的存在形式类似于化石燃料，可以进行存储并根据需求用于发电。然而，生物质能通常受限于所存储燃料的能量密度。通过直接燃烧、生物质气化、生物质热解三种基本技术将生物质能（主燃料为固态生物质）转化为电能。

4）太阳能：太阳能发电可将太阳辐射转换为电能或热能，主要有以下三种技术手段：其一是光伏太阳能发电，利用光伏组件产生电能，然后向电网供电；其二是太阳能制热，可用于家庭取暖或热水供应；其三是光热电站，利用太阳能产生的热量，加热生成蒸汽来推动蒸汽轮机发电。

5）地热能：地热能或"地球热能"是指来自地球深处的可再生性热能，主要是回收地下土壤或地下水中所含的热量（离地心越近，土壤和地下水的温度越高）。根据不同的用途，回收的热能可用于制热、制冷或发电[NOT 17]。

6）海洋能：海洋能转换是指将海洋环境中包括波浪、洋流、潮汐、温度梯度和风力等不同形式的能量资源转换成其他能量，特别是使用海上风力发电机将海上风能转换成电能[NOT 17]。

欧洲提出的目标是，到2020年[⊖]，可再生能源在能源总消耗量中的占比达到20%（法国的占比达到23%），这加快了风能、太阳能等间歇性能源的开发利用，但是这种间歇性能源发电有时会与电能消耗需求不匹配。

因此，有必要开发弹性能源载体以优化能源供需之间的关系，氢能载体就是其中重要的一类。

1.3　氢能载体及制氢技术

氢元素是自然界中最轻的、最丰富的元素之一，地球上不存在游离态的氢，它必须与其他元素（例如氧或碳）相结合，以化合态形式存在。可以通过提取分离法获得，电解水就是一种常用的方法。水分子解离需要的能量与氢氧键结合时放出的能量相同。因此，可以将氢作为一种能源载体。

氢气可由化石能源、核能与可再生能源三大来源生产制备。当前，全球约有一半氢气产量采用甲烷重整工艺，这种方式经济效益最高，而另一半氢产量基本来自煤炭或石油制氢。电解制氢成本较高，仅占全球氢气产量的4%。然而，当需要制备高纯度氢气时，通常还是会采用电解制氢法。目前，全球氢气总产量的85%用于供应炼油厂或用于合成氨[BAD 13]。

1.3.1　化石能源制氢

工业制氢采主要用甲烷重整工艺。甲烷（CH_4）是天然气的主要成分，在高温下会发生化学反应，碳氢化合物分子分解并释放出氢气。重整反应有以下两种类型：

一种是天然气蒸汽重整法，这是最常见的制氢工艺。在高温（约850℃）下混合甲烷和水蒸气会产生吸热反应，见式［1.1］：

$$CH_4+H_2O\rightarrow CO+3H_2-\Delta H^0 \qquad [1.1]$$

式中，$\Delta H^0 = 252.3 kJ \cdot mol^{-1}$。

⊖ 该处为原著者于2018年查阅资料所写。——译者注

7

它的副反应被称为水煤气转换反应（WGS 反应），见式［1.2］，可以去除上步反应产生的 CO：

$$CO+H_2O \rightarrow CO_2+H_2-\Delta H^0 \qquad [1.2]$$

另一种是天然气催化部分氧化法（Catalytic Partial Oxidation，CPO），相关反应见式［1.3］：

$$CH_4+\frac{1}{2}O_2 \rightarrow CO+2H_2+37.5kJ \cdot mol^{-1} \qquad [1.3]$$

这两种生产工艺的缺点是都会产生二氧化碳（CO_2），将进一步导致温室效应，并且反应均需要使用化石能源作为主要原料。

1.3.2 电解水制氢

电解水是将电能转化到氢气（和氧气）中的过程，早在 1820 年法拉第（Faraday）就对此进行了验证，并从 1890 年开始被广泛使用。电解水制氢最大的特点是在制备时不会产生 CO_2。

电解池阳极（电源负电极，式［1.4］）和电解池阴极（电源正电极，式［1.5］）分别发生如下反应：

$$H_2O \rightarrow \frac{1}{2}O_2+2H^++2e^- \qquad [1.4]$$

$$2H^++2e^- \rightarrow H_2 \qquad [1.5]$$

电解水制氢法适用于制备高纯度氢气，目前，其成本是天然气重整制氢的 3~4 倍。不过，如果使用可再生能源（风能或太阳能）提供电解所需的电能，那么制氢成本可以大幅降低。例如，如果某一地区没有电力需求也无须传输电力到其他地区[AFH 18]，那么此地的可再生能源发电量可被视为是免费的（否则也会被废弃）。这些电能可以直接用于电解水产生氢气，然后储存氢气以备后用。

1.3.3 生物质制氢

生物质包括地球表面生长的所有植物（树木、稻草等），是氢的重要潜在来源。生物质气化会产生 CO 和 H_2 的混合物，进一步提纯可获取氢气。这是一种非常有潜力的技术手段，将生物质转化为氢气过程中排放的二氧化碳近似等于植物光合作用所吸收的二氧化碳量，不会对生态环境造成任何额外负担。

1.3.4 储氢

储氢技术对于氢能产业链的发展以及在交通领域和间歇性能源的应用至关

重要$^{[CEA 18]}$。

可再生能源在能源供应中所占份额不断增加，这对储能系统（Energy Storage System，ESS）提出了更高的要求。可再生能源发电通常是间歇性的，太阳能发电依赖于纬度、季节、天气等条件，风力发电则依赖于风速状况。

因此，可再生能源发电不能匹配需求变化。为了平衡供需矛盾，需要同时发展储能技术。发展储能技术具有如下优点：其一，可以大规模使用脱碳能源，使生态环境受益；其二，可以应对局部地区或全球的能源紧缺状态；其三，可以不受未来化石能源价格上涨或二氧化碳排放量限制的影响，具有长期的经济优势。

储能方式与具体应用场景有关，需要综合考虑能量多少、功率大小、整体外部尺寸和成本限制等。需要注意的是，电能是不能被直接存储的。储存电能时，要将电能转换为势能或机械能、电化学能等形式进行存储，需要时再转换回来进行使用$^{[EXP 14]}$。

储存电能主要有以下几种方式：

① 蓄电池等电化学储能。

② 超级电容器等静电储能。

③ 压缩空气或飞轮惯性储能、抽水蓄能电站等重力势能储能。

④ 蓄热储能。

此处主要考虑化学存储，即利用电能来获得某种化学物质，再由此化学物质通过燃烧或燃料电池反应释放能量，氢气和甲醇就是两种很好的例证。由于燃料电池与氢气利用紧密相关，故接下来将重点介绍储氢$^{[EXP 14]}$。

储氢是一个复杂的课题，各种储氢技术的效率也有所不同。具体储氢方式取决于它的用途。交通领域要求储氢体积和重量与车辆运载能力兼容，并且不能降低车辆性能。固定式应用则没有太多约束。表1.1给出了不同储氢方式的能量密度和存储密度$^{[SOR 12,WUR 97]}$。

表 1.1　不同储氢方式的能量密度和存储密度

存储形式	能量密度		密度
	kJ/kg	MJ/m³	kg/m³
气氢（标准大气压）	120000	10	0.090
气氢（20MPa）	120000	1900	15.9
气氢（30MPa）	120000	2700	22.5
液氢	120000	8700	71.9
金属氢化物中的氢	2100	11450	5480
天然气	56000	37.4	0.668

此处回顾一下氢能的主要优点：在地球上储量丰富、可按需存储且不随时间损耗、高能量密度、不产生温室气体、可运输、可稀释混合到天然气等其他气体使用。下面介绍交通运输和固定式应用中的三种储氢技术。

1. 高压气态储氢

高压气态储氢是目前应用最广泛的存储技术。标准气瓶的压力范围为 100~200bar（1bar=10^5Pa），用于汽车的储氢瓶压力范围为 250~350bar，个别气瓶存储压力可达 700bar，这也就意味着它可以存储更多能量（H_2 大于 3kg），能为用户提供更多选择。这些储氢瓶的制造材料随应用场景变化而不同：固定式应用对储氢瓶重量限制要求较低，可以使用钢或铝材料；交通运输领域中，通常采用复合纤维材料。这类复合纤维材料储氢瓶的成本取决于加固复合材料外壳使用碳纤维的数量，目前，正在研发具有相同性能（特别是在安全性能）的"低成本"碳纤维。此外，储氢瓶的厚度还应依照储氢密度达到相关标准[SOR 12,SAL 07]。

2. 液态储氢

相同体积的液态氢（LH_2）储氢瓶原则上可以比高压气态储氢瓶储存更多的氢气，液态氢的密度（0.070kg/L）大于 700bar 时高压气态氢的密度（0.039kg/L）[CAR 81]。不过，液态储氢技术也面临诸多难题，比如液态氢气的挥发、氢气液化和维持低温（−253.15℃）的能耗以及储氢瓶的成本。液态储氢更适合工业应用，而不太适用于交通运输领域。

3. 金属氢化物储氢

多孔材料可使氢原子粘附在其表面上，金属氢化物（镍、钛、镁合金）具有可逆地吸附和释放氢的能力[CEA 18]，其储氢密度可达液态储氢密度的 2 倍。然而，储氢密度的提升是以增加重量为代价的，因此不得不考虑金属储氢材料本身的重量。采用该技术需要对吸附和释放氢的过程进行良好的热量管理。吸附氢是放热反应，释放氢是吸热反应，只有存在热量供应（取决于具体材料，一般在 75~125℃），氢气才会被释放，这在某种程度上可算作是一种安全保障。与其他储氢形式相比，可在低压（3~20bar）下储氢是其在交通运输领域应用的最大优势[BOU 07,SOR 12]。

综上所述，氢是一种应用前景广阔的能量载体，但在发展"氢能经济"之前仍需克服很多障碍，比如技术水平、经济效益、安全性能和社会认知等方面的限制。高温电解水法是目前最为可行的方式，虽然其用电成本占电解制氢成本的 80%，但化学反应中吸收的热量可有效降低所需的电能。这种制氢技术的优势在于，如果使用脱碳电能，可将成本降至低于 3€/kg。这仍然比基于化石能源的生产方法（2€/kg）更昂贵，但电解制氢法不会释放温室气体。

在交通运输中利用氢能可以有效减少二氧化碳的排放，然而，氢能的开发必须要首先解决储氢和燃料电池两大技术问题。氢的压缩储存效率很低，在移动应用领域中储氢的成本较高，因此，可低压存储的金属氢化物储氢技术是比较适合应用于交通领域。对于固定式应用，氢气可以通过现有的天然气网络（天然气中 H_2 的含量高达10%）进行输送分配。

氢能的发展还需解决社会认可度的问题。与液化天然气类似，氢气属于高度可燃性气体，因此需要通过普及教育来减少人们对其爆炸风险的担忧，从而吸引更多用户[UFE 14]。

氢能是一种取之不尽、用之不竭的"清洁"能源。氢能与燃料电池（FC）的结合开辟了一套非凡的技术和经济革命道路。在接下来的一节中，我们将介绍燃料电池及其应用。

1.4　燃料电池及其应用

未来能源安全和地球环境安全已经引起了全球的密切关注，这促使我们尽快寻找最有效的可持续能源替代方案。如前几节所述，用可再生能源（不产生或产生很少的二氧化碳）来替代化石能源（尤其是石油资源），目前已经有了很多可行方案。氢能在一定程度上弥补了储电能力不足所造成的能量供应局限性，被视为"不可或缺的环节"[PÉR 06a]，现在已有很多私立和公立研究机构对这种清洁能源载体和燃料电池表现出浓厚的兴趣[COM 03, HIS 04]。燃料电池是一种高效的电化学能量转化装置，能够将化学能转化为直流（DC）电能[BAR 13]。

1.4.1　燃料电池简史

早在1839年，英国科学家威廉·格罗夫爵士（Sir William Grove）[GRO 39]就对燃料电池原理进行了探索，他详细描述到：水既然可以通过电解的方法被分解，那么其逆反应也应该是可能的[BOU 07]。在这项发现之后的一个多世纪里，科学界对燃料电池保持了浓厚的兴趣。在此期间，弗里德里希·威廉·奥斯特瓦尔德（Friedrich Wilhelm Ostwald）（因其在催化剂领域的贡献，获得1909年诺贝尔奖）为燃料电池的出现奠定了理论基础，他意识到内燃机不仅污染严重还会受到卡诺循环的限制，而燃料电池可以直接发电，不会产生任何污染并且高效、安静。由此，他也预言了一场漫长的技术革命[OST 94]。

11

直到 1939 年，英国工程师弗朗西斯·T. 培根（Francis T. Bacon）才开始研究燃料电池的实际应用，并于 1952 年成功研制了功率为 5kW 的燃料电池。20 世纪 60 年代初，燃料电池最早实际应用于美国航天计划中，通用电气公司开发了第一批质子交换膜燃料电池用于双子座计划，并在随后的阿波罗（Apollo）计划中使用了更多的燃料电池（见图 1.3）为航天飞机供电，为宇航员提供净化水。

图 1.3　阿波罗计划中使用的燃料电池

此时的燃料电池技术非常可靠，但是存在设备复杂、成本高昂和功率密度相对较低等缺点。因此，燃料电池技术被"再一次"放弃，直到 20 世纪 90 年代初才再次引起研究者们的关注。

1.4.2　燃料电池的复兴

自 20 世纪 90 年代初以来，燃料电池重新引起了人们兴趣，并且在过去的几年内这种趋势变得愈发强烈。这主要是由于人们环保意识的提升以及传统能源利用带来的诸多问题，开发新型能源替代技术已迫在眉睫。温室气体及其他污染物的减排是环境保护工作的重要内容，特别是在交通运输领域，法国交通运输中产生的二氧化碳占了全国排放量的 $\frac{1}{4}$（见图 1.4）。

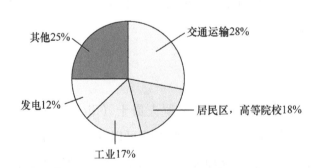

图 1.4　2012 年法国二氧化碳的排放量

因此，运输装备制造商、燃料电池制造商、承包商和研究机构多年来一直致力于联合开展低排放技术研发工作。在这些已有技术中，质子交换膜（PEM）燃料电池是唯一能够满足交通运输领域对动态响应、温度、质量和体积功率密度要求的燃料电池，它是燃料电池系统的基础。此外，它还适用于固定式发电（小规模发电）以及移动便携式发电领域。本书介绍的内容主要是基于质子交换膜燃料电池技术。

1.4.3 燃料电池的应用

燃料电池正逐步走出实验室探索阶段，已应用或即将应用于多个领域。特别是在交通运输方面，燃料电池汽车即将批量生产，但其大规模工业化仍未开始。本书将主要介绍近中期内燃料电池可能会大规模应用的领域，如交通运输和固定式发电。表1.2展示了不同应用领域燃料电池的功率、燃料类型、寿命、运行模式、电压和成本等主要参数。

表1.2　不同应用领域燃料电池系统的主要参数[BAR 13]

	汽车	固定式（主电源）	固定式（应急电源）
功率	50~100kW	1~10kW 和 200kW	1~10kW
燃料类型	氢气	重整氢气	氢气
寿命	5000h	>40000h	<2000h
运行模式	间歇式	持续式	间歇式
电压	>300V	交流 110/220V	直流 24/48V 或交流 110/220V
成本	<45€/kW	<900€/kW	<4500€/kW

1.4.3.1 交通运输

目前，燃料电池技术已被广泛应用于各类交通方式（公路、铁路、海运和空运），其中公路客货运输仍是其主要发展方向。下面简要总结当前已开展实际应用的相关技术。

很多汽车制造商已经开发出了多种燃料电池样车（见图1.5），甚至拥有批量生产线，并开始市场化销售，例如现代（Hyundai）ix35 和丰田 Mirai[KON 15]。早在20世纪90年代初就产生了让燃料电池汽车进入市场的想法，当前的燃料电池汽车市场化无疑是汽车行业的一个转折点。燃料电池通常被称为零排放车辆（ZEVs），在环保方面有很多优势，不仅有助于减缓温室效应，还具有低噪声和低污染物排放的特点，能有效改善城市生活质量。然而，在燃料电池汽车大规模上市销售之前，仍有诸多技术和经济障碍有待克服，比如其可靠性、成本、加氢便利性等。当前全球各研究机构、大型工业集团和汽车制造商的共同努力为燃料电池汽车的市场开发提供了一个绝佳的发展机会。在不久的将来，这一新技术必将逐步出现在汽车消费领域。

在车辆应用中，燃料电池主要有如下几种模式[BAR 13, RAJ 00]：

1）燃料电池为车辆提供全部所需功率。通常，启动燃料电池系统需要电池供电。在这种模式中，必须使用车载氢气，但是使用车载燃料重整装置无法满足整个行驶工况的动态响应需求。

a) 丰田Mirai

b) 现代ix35

c) 戴姆勒F-Cell

d) 本田FCX-Clarity

e) 通用Equinox

f) 起亚Borego FCEV

图 1.5　燃料电池汽车

2）燃料电池仅提供平均功率（恒定功率）。峰值功率，特别是车辆加速所需的功率，将由其他储能系统（ESS）提供，这些储能系统具有比电化学蓄电池或超级电容器更快的动态响应速率。搭配蓄电池混合使用可以使燃料电池在运行点正常工作，并减缓其性能衰减。此外，储能系统还可以通过回收制动能量提高车辆的整体效率。上述模式被称为并联式混合动力，本书第 3 章将详细介绍各种不同的系统架构。

3）燃料电池仅给动力蓄电池充电，由动力蓄电池提供车辆行驶所需的功率，这种模式被称为串联式混合动力。

4）燃料电池被用作辅助动力系统（APU），为车载网络和各种电动执行装置（动力转向、空调、导航等）供能。辅助动力装置主要用于重型卡车或冷藏车，即使发动机停机，也可以保证能量正常供应。

在列举了燃料电池汽车的几种模式之后，下面介绍燃料电池在效率、排放、成本、使用寿命、冷启动、集成以及加氢基础设施方面的内容[BAR 13,DOE 14]。

燃料电池系统运行在最佳工作点［对应氢耗 60g/（kW·h）］时效率可以达到50%（将在第2章中进行详细介绍）。对于内燃机（ICE），以汽油为燃料时效率约为34%［对应油耗 240g/（kW·h）］，以柴油为燃料时效率约为40%[KON 03]。值得注意的是，按照低热值（LHV）来衡量，1g氢气所含能量与2.73g汽油相同。然而并不能简单地比较燃料电池系统和内燃机的效率。实际上，它们的最大效率是在不同的工作点获得的。燃料电池以平均功率运行时效率最高[STO 03]，而内燃机需要在最大功率下运行才能达到最高效率[MAS 03]。

关于燃料电池的污染物排放，可以注意到，如果使用车载储氢，则燃料电池不会产生污染物；如果使用化石能源（甲醇或汽油）重整制氢，则整个系统会排放污染物，但其排放量仍低于内燃机。显然，如果在分析污染物排放时考虑整个能源产业链（通常被称为"从油井到车轮"）的话，以上结论将不再适用。如果制氢过程（在炼油厂、加氢站或车辆上）依赖于化石燃料，则必须考虑生产过程中的污染物（尤其是二氧化碳）排放。图1.6展示了各类燃料"从油井到车轮"的排放分析结果，其中考虑了在燃料制造、车辆使用和车辆制造过程中产生的温室气体[PEH 03]。与使用汽油、柴油或甲醇作为燃料的传统内燃机车辆相比，燃料电池车辆的污染程度较低。

目前，传统车辆的内燃机仍然在大规模批量生产，这使得内燃机的成本（30~45€/kW）远低于燃料电池发动机（220€/kW，对应1000套系统/年）。现阶段，燃料电池技术仍然不够成熟，其生产仅限于样车或几百辆车的小批量生产。多数主要汽车制造商已经认识到，只有通过规模化生产才能降低燃料电池发动机的成本。如果燃料电池采用类似内燃机的工业化制造过程，每年制造500000套燃料电池发动机，则可以将成本降至45€/kW[JAM 12]。

在燃料电池中减少铂的含量是降低成本的主要研究方向[ÇÖG15,MRÓ15]。这种贵重金属被用作催化剂和制作离聚体薄膜，是最昂贵的材料之一。当前的燃料电池中需使用0.85g/kW的铂，相当于45€/kW，是燃料电池总成本的重要部分。然而，市场可接受的目标成本约为5€/kW。如果开始大规模生产，那么这些膜的成本也可以在45~65€/kW的基础上降低约50%。

总之，通过降低膜的成本、在不降低性能的前提下减少铂的使用，以及开展燃料电池的大规模产业化，可以将其成本降至30~45€/kW。

除了成本问题，燃料电池的使用寿命也是限制其大规模应用的障碍。

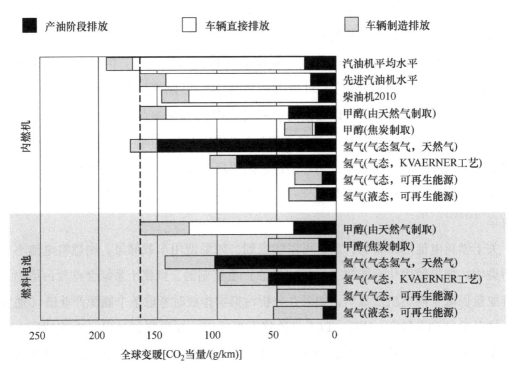

图 1.6　基于燃料和先进车辆技术的全生命周期分析

如今，普通汽车的使用寿命约为 10 年，平均行驶里程可达 25 万 km。以平均速度 50km/h 计算，相当于运行了 5000h，这也是燃料电池想与内燃机竞争所要达到的最低使用寿命。实验室测试表明，要确保燃料电池运行超过 3000h 且性能不衰减是很困难的。如果燃料电池能保持在额定工况下稳定运行，则可能会延长其寿命。第 3 章和第 4 章将介绍通过将燃料电池与其他能源混合使用，或者应用相应诊断和预测技术来提高燃料电池使用寿命的方法。

对于车用燃料电池，要考虑的另一个重点是冷起动。普通车辆可以在 -40 ~ 50℃ 的温度范围内运行。而对于燃料电池，冷起动是其技术障碍之一：低于 0℃ 时，燃料电池质子交换膜（参见第 2 章）中的水会结冰并阻碍电化学反应，甚至结冰还可能会导致燃料电池机械损坏。有多种方案可以解决这个问题，例如使用防冻冷却液（如乙二醇等），但这种液体可能具有一定的腐蚀性，并会导致燃料电池严重的性能衰减问题。作者团队通过采用一种对燃料电池管路进行吹扫的方法，能够在不借助外接能源的情况下，实现燃料电池在 -20℃ 低温环境下 30s 内快速启动。

近年来，人们在减小燃料电池重量和体积方面做出了许多努力，为了确保燃料电池汽车具有与普通车辆相同的搭载容量，车用燃料电池系统的集成仍然是一个需要重点考虑的因素。如今，许多燃料电池制造商在质量功率密度和体积功率密度方面取得了突破。但是，燃料电池系统整体上仍然比较笨重，每千瓦功率对应的质量和体积分别达到 2.5kg 和 2.5L 以上。一般目标是在不考虑储氢瓶或电动机情况下，整个燃料电池系统达到 1.54kg/kW 和 1.18L/kW。

燃料电池汽车要实现与普通汽车竞争所要达到的性能指标见表 1.3。

表 1.3 燃料电池 2020 年要达到的性能指标

特性		单位	2012 年情况	预计 2020 年情况
额定功率 25%时的效率		%	59	60
体积功率密度		W/L	400	850
质量功率密度		W/kg	400	650
成本（500000 台/年）		€/kW$_e$	45	37
达到额定功率 50%时的冷启动时间	从-20℃到环境温度	s	20	30
	从 20℃到环境温度	s	<10	5
冷态启停所需能量	从-20℃到环境温度	MJ	7.5	5
	从 20℃到环境温度	MJ	—	1
汽车生命周期下的使用寿命		h	2500	5000

在交通运输领域，公共交通（尤其是城市交通）是另一个能够在短期内引进燃料电池技术的应用领域（见图 1.7），虽然其面临的技术障碍与轻型车辆相似，但大量的公共汽车可以促进氢在新燃料市场上的应用。公交车上应用燃料电池的主要优势在于，能够统一在公交线终点为所有公交车加氢，并且加氢站和制氢站可以建在同一地点。此外，对于 150kW 的燃料电池所需的大量氢气（大约 20kg 的 H$_2$）也不是什么问题，可以把储氢罐（通常为 350bar）布置在公交车的顶部。在城区中使用燃料电池公共汽车会减少污染排放，属于零排放汽车（ZEV）。与采用柴油发动机的传统客车相比，使用燃料电池汽车可节省 15%的燃料[HOO 03]。然而，要想进入市场并与传统公交车竞争，燃料电池汽车仍需要增加其使用寿命。传统公交车每年可以运行 6000h，而燃料电池汽车有限的充放循环次数、频繁的启停，都会缩短燃料电池的使用寿命。尽管近年来燃料电池的耐久性有了显著的提升，但是以现有技术仍不足以应对客车应用带来的挑战。提高公交车燃料电池耐久性的方法之一是应用加速测试系统来缩短不同驾驶模式下识别障碍物所需的时间。

商用车（见图 1.7）也是燃料电池高潜在应用的领域之一。近年来，燃料电池已在装卸叉车、机场运输车、高尔夫球四轮车或邮政四轮车领域开始应用。以前，这些车辆大多由铅酸蓄电池供电，充电时间长，充电频繁，且充电过程中车辆无法使用。相比之下，采用燃料电池供电的优势在于，每天的加氢时间仅为数分钟，并且在两次加氢之间保持相同的可用功率。这与传统的电动汽车不同，传统的电动汽车在电池荷电状态过高时，可用功率就会降低，这对于叉车使用非常不方便。

a) 公共汽车

b) 叉车

c) 机场运输车

d) 法国邮政四轮车–法国燃料电池
实验室MobyPost 项目

图 1.7　燃料电池车

如本节所述，目前有许多交通领域燃料电池的应用案例，然而仍有许多技术障碍需要解决。发展燃料电池车辆的主要障碍之一是缺乏氢能基础设施，道路上没有加氢站就不会有燃料电池汽车；而燃料电池汽车的数量接近于零，也就没有加氢站。这成为一个恶性循环。目前世界上有很多国家已经配备了加氢站，特别是在美国、日本和德国。美国加利福尼亚州拥有一个加氢站网络，促进了当地燃料电池车辆的应用。日本丰田已联合法国液化空气集团，以便于 2015 年在日本的四个大型城市（东京、名古屋、大阪和福冈）以及连接这些城市的高速公路旁建设 100 个新的加氢站（HRS）。德国承诺在 2023 年之前建设 400 个加氢站，而法国预计将在 2020 年之前建设几十个加氢站○，这为欧洲燃料电池汽车的发展奠定了良好的基础。

○　此处数据为原著者在 2018 年的预估数据。

1. 4. 3. 2　固定式应用

与交通运输应用类似，燃料电池系统在固定式发电领域也具有诸多应用，可以根据应用场景、功率、安装、燃料类型或有无热电联产（CHP）进行分类。燃料电池固定式发电可以用于工业、住宅或第三产业，也可以替代电网供电。燃料电池系统针对不同应用场景有不同设计方案[BAR 13]：

1）与电网并行：燃料电池系统可满足用户接近满负荷的用电需求，一些会缩短燃料电池寿命甚至使其失效的过大功率除外。在这种构型中，燃料电池产生的能量在需要时单向供给至用户，但并不会注入电网。该方案无需电池即可使用（燃料电池系统启动除外）。

2）接入到电网：在这种情况下，能量流是双向的。这使得燃料电池能够在恒定功率下运行（从而延长其使用寿命），并在燃料电池产生多余电量时将其重新注入电网。

3）独立运行：此方案中，燃料电池并不与电网连接，燃料电池系统需要实时满足用户的用电负荷变化。

4）应急电源：将燃料电池系统作为应急电源，需要快速启动，并与电池或超级电容器混合使用，以提供峰值功率。与传统的应急电源相比，燃料电池具有几 kW 的功率，适合持续时间超过 30min 以上的能源供应。当电网能够给电解槽供电原地制氢时，就可以实现理想的系统配置。

这些燃料电池的功率范围从小型应用的 1kW 到大规模发电的几 MW。根据功率范围，将应用场景分为以下几类：

1）1~10kW，用于单户住宅和移动应用。

2）10~50kW，用于小型集合住宅或小型商店。

3）50~250kW，用于小型居民区、医院、酒店或军事基地。

4）250kW~100MW，用于集中发电。

每种应用都具有不同的优势。对于分布式发电（大于 250kW）来说，使用燃料电池技术可以消除配电和输电损耗，实现低污染排放，提高可靠性，并减少在用电高峰期出现的相关问题。

燃料电池的另一个特点是它在热电联产（同时产生热量和电能）中具有很高的效率，可达到 80% 以上。这套热电联产系统不会产生振动和噪声，并且可以结合现有的供能网络采用内部重整制氢方法将天然气用作燃料。

尽管固定式应用与运输领域应用在性能方面有所差异，但在技术上存在相同的障碍。例如，要使燃料电池发电机的总成本保持竞争力，并且其性能不能低于常规发电机。

此外，要使固定式应用中的燃料电池发电机在考虑环境因素（例如环境温度-40～+40℃）的影响下，实现近10万h的使用寿命，仍需持续进行技术开发。

如果将质子交换膜燃料电池（PEMFC）技术用于热电联供系统，那么其较低的工作温度将限制其热能产量。因此，必须开发工作温度更高（约200℃）的新技术。固体氧化物燃料电池（SOFC）的工作温度范围为800～1000℃，是大功率热电联产应用（大于100kW）的首选。

实际上，固体氧化物燃料电池已经是中型功率热电联产（大于10kW）应用领域中的一项日益成熟的技术。大量的测试结果表明其使用寿命可以超过25000h。固体氧化物燃料电池更适用于不需要频繁启停的长时间运行工况，一方面应该避免热循环以防止其芯部材料受热膨胀可能导致的泄漏，甚至机械损坏，另一方面其启动时间可能会很长（超过30min），这两方面也是该技术目前存在的主要问题。解决方案之一是将工作温度降低到大约500℃，这项技术被称为中温固体氧化物燃料电池（IT-SOFC）。

最后一个要介绍的固定式应用是微型热电联产，功率一般低于10kW，低温或高温燃料电池都可以使用。然而，固体氧化物燃料电池（SOFC）可能更适用，原因是它可以使用多种不同的燃料，例如建筑物中都有的天然气，使用天然气的微型热电联产系统可以取代常规锅炉，为房屋供电、供热并提供热水。与上文提到的中型功率应用相同，这类系统仍需要突破其在成本和使用寿命（见表1.4）方面的技术障碍。

表1.4　固定式应用中燃料电池到2020年要实现的目标[BAR 13]

性能	目前（2012年）情况	目标（2020年）情况
额定功率下的发电效率	34%～40%	>45%
能源效率（热电联产）	80%～90%	90%
2kW系统成本	1100€/kW	900€/kW
5kW系统成本	2100～3700€/kW	1400€/kW
10kW系统成本	1750€/kW	1550€/kW
响应时间（P_{nom}从10%～90%）	5min	2min
在环境温度下的启动时间	<30min	20min
性能衰减	<2%，1000h	0.3%，1000h
使用寿命	12000h	60000h

对于所有固定式应用，燃料电池系统都有一个子系统将初始燃料转化为较纯净的氢气或者适用于所选燃料电池的合成气。初始燃料可以是天然气或沼气（垃圾填埋气、生

物甲烷、生物柴油、乙醇等），均需要经过不同的预处理措施才能使用。实际上，初始燃料通过重整后会产生氢气和一氧化碳（CO）的混合物。在质子交换膜燃料电池（PEMFC）的阳极，一氧化碳的存在会使电池中铂基催化剂失活，进而导致其电化学性能衰减。使用汽油或粗柴油作为初始燃料的质子交换膜燃料电池需要在重整器（800~1000℃）和燃料电池之间采取相应机制用以消除CO[MUL 09]。随后进行的两个反应会将燃料气体转化为水：第一个反应在约400℃进行，第二个反应在约200℃进行，这两个放热反应都可将80%~95%的一氧化碳转化为二氧化碳。最后一步是在约150℃下发生的选择性氧化催化反应，该反应也是放热的，这使一氧化碳占比从不到1%降低至几十万分之一。鉴于初始燃料的来源以及地理区域不同，其中还可能含有一定量的硫。对于SOFC来说，系统中硫含量从1000℃工作温度下的1ppm⊖到750℃工作温度下的50 ppb的范围内，均会造成固体氧化物燃料电池阳极的可逆性中毒。

因此，燃料处理子系统应包含以下装置：

1）脱硫装置，进行初始燃料的预处理，以最大程度降低硫的含量。

2）重整器，碳氢化合物在高温下发生热裂解。

3）水-气转化，减少一氧化碳并增加气流中的氢含量。

4）分离装置，提高氢气纯度。

燃料处理子系统面临的最主要障碍是寿命、成本、对杂质的耐受性、燃料适应性以及冷启动。目前迫切需要解决的问题是提高效率和降低成本。要解决这两大问题，一个可行的发展方向是通过开发多功能催化剂将各个高温装置进行物理集成，以使多个反应在同一反应器内进行。此外，还需要通过减少各种反应器（重整器、脱硫装置、水-气转化设备等）造成的氢气损失、减少传感器的数量以及优化控制策略的方法，进一步实现降低成本、提高效率的目标。最后，通过减少冗余设备以简化系统架构，使燃料电池系统成本进一步降低。

1.4.3.3　其他应用

另外一种值得一提的应用是辅助动力装置（APU），它在交通运输场景或固定式发电场景中都可以被用到。这类系统能够独立于牵引系统，为运输设备（重型货车、冷藏货车、船、露营车、有轨机车、飞机等）中的其他设备供电。在固定式应用中，辅助动力装置还可以向孤立站点供电。此处将重点介绍辅助动力装置在运输领域的应用。

在不久的将来，重型货车将会成为辅助动力装置的主要市场，燃料电池辅助动力装置为重型货车的怠速运行提供了可行的解决方案。在美国，由于公众和政界的环保意识

⊖　$1ppm = 10^{-6}$。

逐年增强,他们意识到重型货车停在休息区、停车场、路边或装货码头时应该停止运行柴油机,驾驶室中的驾驶员也应在停车时享受到驾驶室里的舒适性功能以放松休息。使用怠速功能的重型货车通常是装备有卧铺的半挂牵引车(见图 1.8),其每天货物运输里程超过 800km。根据 Lutsey 等人的调查[LUT 04],在停车状态下,重型货车驾驶员依然要运行发动机的主要原因有三个:一是加热或者调节驾驶室温度;二是需要使用货车上带卧铺驾驶室的电气附件;三是希望将发动机和机油保持在适当的温度,以防止发动机在冬季再次启动时出现问题。

图 1.8 重型货车的 APU 应用—带有典型怠速功能的美国重型货车(8 级重型货车)

频繁使用怠速工况会出现多方面问题。重型货车柴油发动机经过设计和优化后,在普通公路或高速公路上运行时,发动机的最佳效率点一般出现在匀速牵引工况。当车辆在停车怠速时,柴油机效率会降得极低,此时并不适合柴油机工作。据 Brodrick 等人的研究结果[BRO 02],当发动机的效率处于 9% ~ 11% 之间时会导致燃料过度消耗。此外,阿贡国家实验室(ANL)交通研究中心的相关研究表明,在美国 250 万辆重型货车中,有 45.8 万辆重型货车夜间在休息区、停车场或路边停车时会让发动机处于怠速运转状态[GAI 06, LUT 05]。

重型货车上使用辅助动力装置可以减少温室气体排放。仅是美国的 50 万辆 7 级和 8 级重型货车,每年在发动机怠速期间就会排放 1090 万 t 的二氧化碳和 19 万 t 的氮氧化物[MUL 09]。

应用于辅助动力装置的燃料电池同样面临着许多难题,包括成本、瞬态运行特性(特别是 APU SOFC),以及如何在不增加特定子系统(如重整器所需的供水系统)的情况下使用车辆现有燃料(通常为柴油)。同时还需考虑如何克服车辆行驶过程中的振动、冲击。此外,辅助动力装置的重量和体积应进行优化以便能集成到特定空间内,并且该项技术也应该具有更高的功率密度。

燃料电池的另一个应用是功率通常低于 250W 的便携式发电设备。此功率范围适用于电池充电器、移动电话、便携式计算机、平板电脑等。就现有技术而言，为了完全满足用户的需求，继续增加能量密度，进一步降低成本、提高效率、减小燃料电池周边系统的整体尺寸仍然至关重要。

1.5 本章小结

本章着重介绍了燃料电池技术在不同领域的应用前景。其发展前景广阔，能使我们摆脱对化石能源的依赖，并且降低污染物的排放。但燃料电池仍有改进空间，其市场开发也面临不少难题，比如经常提到的成本、效率、使用寿命、集成度、清洁化制氢技术等问题。这项技术存在着很多优势：

1）效率高：燃料电池在任何应用中的效率都高于内燃机或常规能源转换系统。

2）低污染或无污染：使用氢燃料电池不会产生污染物排放。由于氢气通常是从碳氢化合物中获取，会产生一些 CO_2/CO 排放，不过其排放量仍低于传统能源转换技术。

3）成本降低空间大：燃料电池规模化生产后，其制造成本将大大降低。实际上，燃料电池由一组相同的单电池组成，制造过程非常容易实现自动化。但是，燃料电池正常运行必不可少的某些材料（如磺化含氟聚合物）仍然价格昂贵。因此，有必要继续发展大规模制造技术，以降低燃料电池组件和辅助系统的成本。

4）使用寿命：燃料电池在延长寿命上仍然有技术障碍需要克服。由于没有旋转部件，所以燃料电池理论上应该具有更长的寿命。对于交通运输应用，其目标寿命约为8000h，而固定式应用的目标寿命为80000h。

5）静谧性：燃料电池不会产生噪声，这使其在某些特殊应用（例如军事应用）中十分实用。此外，燃料电池技术在许多情景下（如市中心的车辆、工厂中的搬运设备等）能帮助改善人们的生活质量。

就设计而言，燃料电池是一种相对简单的设备。为了达到最佳的运行效果，在核心的燃料电池外仍需许多辅助部件，其整体被称为燃料电池系统。燃料电池系统是一种相对复杂的装置，在运行时各因素相互耦合且其影响需要被合理控制。我们将在第2章对这些内容进行介绍。

第2章

从燃料电池单体到系统

2.1 概述

　　早在 1839 年，英国科学家 William Grove 爵士就已经对燃料电池的原理进行了描述，此后人们对燃料电池技术的兴趣时断时续。在最近 30 年中，这项技术重新成为人们关注的焦点。随着污染物浓度的持续增加，大气如何演化已成为一个重要问题。近年来，燃料电池的制造商、生产商、承包商和研发实验室正在致力于解决相关技术问题。其中，有许多项目都集中在质子交换膜燃料电池（PEMFC）领域。作为系统的核心部件，它能满足系统对动态响应的需求（特别是对于交通运输领域），以及对温度、质量和体积功率密度等的要求。除了质子交换膜燃料电池，固体氧化物燃料电池（SOFC）也可以满足运输领域应用的需求，它可以被用作辅助动力装置（APU）。

　　无论采用哪种技术，燃料电池发动机的控制、运行、表征以及建模都至关重要。

　　本书第 1 章主要介绍了燃料电池在交通运输和固定式供能领域中的重要应用。燃料电池系统中各辅助设备的主要功能是保证整个系统在最佳状态下运行。因此，有必要仔细分析构成"燃料电池系统"的所有辅助装置。

　　本章第一部分将介绍目前各类燃料电池技术，并重点分析在交通运输和固定式供能领域中最适合应用的技术。第二部分将根据燃料电池技术及其应用的不同，研讨其系统技术路线的差异。第三部分将研究燃料电池系统其中一个关键点——实验实现。最后，将进一步分析燃料电池系统存在的瓶颈及其解决途径。

2.2 交通运输和固定供能领域的燃料电池技术

2.2.1 燃料电池技术介绍

燃料电池是一类通过电化学反应直接产生电能的装置。燃料电池单体具有正极（阴极）和负极（阳极）两个电极，电极是电化学反应发生的场所。电极和电解质之间存在催化剂（例如铂），燃料（氢气、甲醇等）在阳极被氧化，氧化剂（氧气）在阴极被还原。两个电极通过电解质隔开，电解质可以是固体或液体。对于质子交换膜燃料电池（PEMFC），电解质是能够传导质子（即 H^+）的聚合物膜，能够实现离子在阴极、阳极之间的传导，它需要同时具备良好的离子传导性和电子的绝缘性，电化学反应过程中产生的电子则通过外部电路传导。

膜电极组件（MEA）包括膜、催化剂和气体扩散层（GDL）。为避免气体泄漏，MEA 由专用的密封垫圈封装。气体经过双极板到达膜电极，双极板与 MEA 组成单体电池（见图 2.1），而多个单体电池以串联方式堆叠组合，形成燃料电池堆。

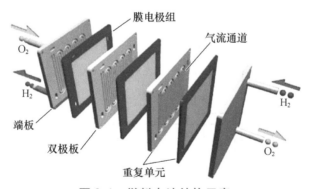

图 2.1 燃料电池结构示意

根据所用电解质或其工作温度的不同（见图 2.2 和图 2.3），主要有 6 类燃料电池（见表 2.1）。在交通运输或固定供能应用领域经常使用的燃料电池主要有如下两类：质子交换膜燃料电池由于其优点而被广泛用于应用研究领域，固体氧化物燃料电池通常用于固定式发电。下一节将详细介绍这两种燃料电池的工作原理。

表 2.1 几种不同运行温度范围的燃料电池

燃料电池类型	运行温度	电解质
磷酸燃料电池（PAFC）	150～200℃	磷酸（H_3PO_4）
质子交换膜燃料电池（PEMFC）	50～100℃	聚合物膜

（续）

燃料电池类型	运行温度	电解质
直接甲醇燃料电池（DMFC）	50~100℃	聚合物膜
碱性燃料电池（AFC）	25~75℃，100~250℃	氢氧化钾（KOH）
熔融碳酸盐燃料电池（MCFC）	600~700℃	熔融碳酸盐（CO^{3-}）
固体氧化物燃料电池（SOFC）	500~1000℃	陶瓷（氧化锆）

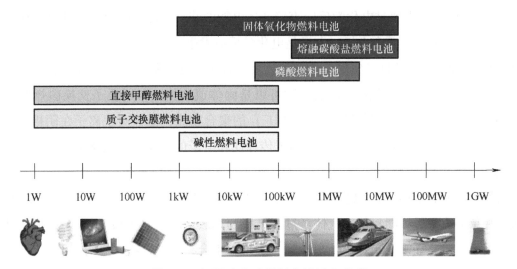

图 2.2　根据功率对燃料电池进行分类

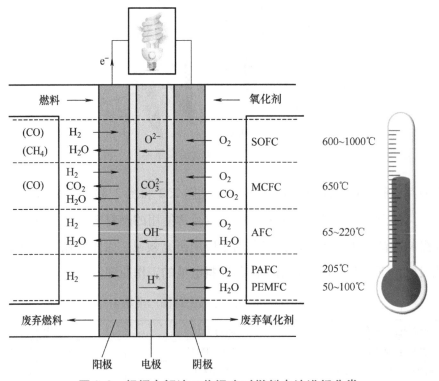

图 2.3　根据电解液工作温度对燃料电池进行分类

2.2.2 燃料电池工作原理

2.2.2.1 质子交换膜燃料电池

质子交换膜燃料电池（PEMFC）的功率密度高，封装后的体积和质量密度高于其他类型的燃料电池。质子交换膜燃料电池使用非常薄的质子导体聚合物膜（<50μm）做电解质，电极由多孔碳制成，其中包含分离氢分子中电子和质子所需的铂合金催化剂。值得注意的是，铂催化剂对一氧化碳非常敏感，如果氢是由碳氢化合物重整制取的，则需要使用额外的反应装置以降低燃料中的一氧化碳含量。此外，含硫化合物也会造成电池性能快速且不可逆地衰减[PÉR 06b]。系统运行时需要向阳极提供氢气、向阴极提供氧气（空气），这些通入的气体往往需要加湿。纯氢通常可以由（低压或高压）储氢罐供应。

质子交换膜燃料电池在较低温度下（50～100℃之间）运行，可实现快速启动（无须预热）和更长的使用寿命（对材料的限制更少）。由于采用了固态电解质，实现了高效率、高功率密度、快速启动和对载荷变化的快速响应，该技术被认为是运输应用中最"有前景的"。

图2.3总结了质子交换膜燃料电池的运行情况。通常采用氢作为燃料，通过以下化学反应（见式［2.1］），由氢与氧结合生成水；这个反应总体相当于氢气燃烧反应，反应的能量以热能与电能的形式释放。铂（Pt）基催化剂可促进反应的进行：

$$2H_2+O_2 \rightarrow 2H_2O \quad\quad [2.1]$$

为了方便计算反应过程释放的能量，通常以反应物燃烧过程释放的能量作为依据。这部分能量称为焓 ΔH，焓值大小取决于化学反应前后反应物的状态，反应过程的焓变可以表达为：

$$\Delta H_{反应} = \Delta H_{产物} - \Delta H_{反应物}$$

该反应中生成的水有两种可能的形态[FRI 03]。

第一种是蒸气形态的生成水（见式［2.2］）：

$$2H_2+O_2 \rightarrow 2H_2O_{蒸气} \quad\quad [2.2]$$

$$\Delta H = -241.83 kJ \cdot mol^{-1}$$

第二种是液态的生成水，反应的焓变会发生改变（见式［2.3］）：

$$2H_2+O_2 \rightarrow 2H_2O_{液态} \quad\quad [2.3]$$

$$\Delta H = -285.84 kJ \cdot mol^{-1}$$

二者之差即为水的蒸发焓，也称为蒸发潜热，ΔH 为负值意味着反应放热（$\Delta H<0$）。

PEMFC 两个电极上发生的半反应为:

$$阳极反应 \quad 2H_2 \rightarrow 4H^+ + 4e^- \qquad [2.4]$$

$$阴极反应 \quad O_2 + 4H^+ + 4e^- \rightarrow 2H_2O \qquad [2.5]$$

质子由电解质膜中所含的水分子携带传输。由于工作温度较低,所以膜中的水分子能够以液态形式存在。如果膜较干燥,则会导致质子传导阻抗增加,从而降低燃料电池性能。因此,仔细地管理好水量对于燃料电池的运行至关重要。

2.2.2.2 固体氧化物燃料电池

固体氧化物燃料电池(SOFC)的特点是运行温度高,通常在 500～1000℃ 之间;高温对于固体陶瓷电解质保持高的离子电导率极为重要。固体氧化物燃料电池的另一个特点是使用了全固态的电解质和电极材料,这也使得固体氧化物燃料电池的概念相比其他类型的燃料电池(如 PAFC 和 MCFC)更为简单。固体氧化物燃料电池的主要优点是可以在阳极使用一氧化碳作为反应物(与 PEMFC 不同,对于 PEMFC 来说一氧化碳是有毒的)。它也可耐受微量的含硫化合物,所以固体氧化物燃料电池可以直接使用传统能源(例如汽油、柴油或天然气),而无须建立"氢基础设施",这一点有利于它在当前市场环境下发展。此外,固体氧化物燃料电池还可以产生高品位的热量,可以为车辆或家庭供暖供电。

固体氧化物燃料电池中的电解质层致密且不漏气,这使得阳极的燃料和阴极的氧化剂能够分隔开。阳极层和阴极层都是多孔结构,有助于气态反应物和反应产物的扩散。除了隔开气体流之外,电解质还能够实现氧离子(O^{2-})从阴极到阳极的移动。在阴极的三相接触位点(气相、电解质固相和催化剂固相三相接触的区域)上,首先由氧分子(O_2)通过获得来自阳极的电子解离为氧离子 O^{2-}(见式[2.6]),随后氧离子(O^{2-})通过电解质向阳极的三相接触位点移动。在使用纯氢为燃料时,固体氧化物燃料电池氧离子 O^{2-} 与氢 H_2 反应形成水蒸气(H_2O)(式[2.7])。反应释放的电子由外电路传导至阴极,形成闭合回路,当电荷通过外电路时就会产生电流(见图2.3)。涉及的方程式如下:

$$阴极反应: O_2 + 4e^- \rightarrow 2O^{2-} \qquad [2.6]$$

$$阳极反应: H_2 + O^{2-} \rightarrow H_2O + 2e^- \qquad [2.7]$$

$$整体反应: O_2 + 2H_2 \rightarrow 2H_2O \qquad [2.8]$$

在固体氧化物燃料电池中,与氢气类似,一氧化碳(CO)可以作为阳极的氧化剂。因此通过重整反应器产生的氢气与一氧化碳混合气,无须脱除 CO 即可直接通入固体氧化物燃料电池作为燃料。通常,一氧化碳在阳极上的氧化可以表示为固体氧化物燃料电池阳极的电化学反应[LAR 03,SIN 03]：

$$CO+O^{2-}\rightarrow CO_2+2e^- \qquad [2.9]$$

式［2.9］的反应实际上只是 SOFC 中发生的多个反应之一[HOL 99, MAT 00, NET 04]。此外，水煤气变换反应也是主要的反应之一，一氧化碳和水蒸气反应生成式［2.10］中的 CO_2 和 H_2 产物：

$$CO+H_2O\rightarrow CO_2+H_2 \qquad [2.10]$$

该反应所生成的氢气按照式［2.7］反应被氧化生成水。

2.2.2.3 其他技术

碱性燃料电池（AFC）是最早被发展的燃料电池技术之一，为了在航天飞机上发电，自 20 世纪 60 年代以来已在美国航天计划（阿波罗计划和航天飞机）中得到广泛应用。该技术使用氢氧化钾（KOH）溶液作为电解质，并在阳极或阴极使用多种材料作为催化剂（镍、银和所有类型的贵金属）。其工作温度范围为 65~220℃，具体取决于电解液中 KOH 的浓度。高温条件下（高于 200℃）KOH 浓度约为 85%，相对低温条件下（低于 120℃）KOH 浓度在 35%~50% 范围内变化。碱性燃料电池具有出色的性能，效率可以达到 60%。但是，限制其应用的主要障碍之一是对二氧化碳（CO_2）不耐受，而二氧化碳往往同时存在于燃料和氧化剂中。

磷酸燃料电池（PAFC）使用的电解质是由含磷酸的多孔硅和特氟龙基体组成的。阳极和阴极催化剂采用铂材料，工作温度在 150~220℃。磷酸燃料电池通常被认为是第一代燃料电池技术，是最成熟并率先市场化的技术，通常应用于大功率固定式发电领域（大于 200kW），但其能量密度较低，使得体积相对庞大。

熔融碳酸盐燃料电池（MCFC）的电解质由陶瓷基体中的碱金属碳酸盐组成，工作温度范围为 600~700℃。较高的运行温度使得熔融碳酸盐燃料电池可以在阳极和阴极使用非贵金属催化剂。这项较为成熟的技术主要应用于大功率固定式发电。

直接甲醇燃料电池（DMFC）通常被划分为单独一类燃料电池技术。但它与质子交换膜燃料电池非常相似，不同之处仅在于它是以甲醇代替氢气作为燃料。

2.2.3 燃料电池技术对比

在上一节中，我们总结了现有的各种类型燃料电池，并重点介绍了质子交换膜燃料电池和固体氧化物燃料电池。本节，我们将对这些技术进行比较，旨在根据预期的应用场景找出最适合的解决方案。

1）质子交换膜燃料电池（PEMFC）在约 75℃ 的温度下工作，由于缩短了"预热"

时间，因此可在较低温度下实现快速启动。这种工作环境对燃料电池组件的影响较小，可延长使用寿命。然而，为了将氢分子分离为电子和质子需要使用贵金属基催化剂（通常为铂），增加了整体成本。此外，铂催化剂对一氧化碳中毒极为敏感。如果提供给质子交换膜燃料电池的氢气来自碳氢化合物重整，则需增加相应装置以减少燃料中一氧化碳的含量，这也会大大增加系统的总成本。

质子交换膜燃料电池通常用于交通运输和固定式发电领域。由于其在快速启动、质量功率密度与体积功率密度大、采用固态电解质（出于安全考虑）方面的优势，质子交换膜燃料电池被认为是在交通运输应用中最有前途的技术。

2）固体氧化物燃料电池（SOFC）在较高温度（约 800℃）下工作，可以使用价格较低的非贵金属作为催化剂，并且可以不经额外的装置过滤直接使用燃料，从而降低整个系统的成本。固体氧化物燃料电池是最耐硫的技术，与其他技术相比，它可以耐受更高的硫含量（高达几十万分之一）；并且对一氧化碳具有耐受性，一氧化碳也可以作为燃料。因此，可以将天然气、沼气或煤气用作燃料。

然而，较高的工作温度也伴随着很多缺点。其一就是启动时间长，并且需要谨慎进行系统预热，以免对燃料电池和系统的各种构成材料造成热冲击，整个预热过程长达数十分钟。其二是为了保护周围部件（尤其是在交通运输应用中），需要对系统进行高性能的隔热处理。其三是高温对材料具有很高的热机械性能要求，当使用此技术的系统温度逐渐从室温升到所需的工作高温时，需要控制系统的启停频率。高温会导致材料性能快速下降，进而缩短使用寿命。研发在高温下具有更长使用寿命的低成本材料仍是一项技术挑战。

3）碱性燃料电池（AFC）的工作温度约为 60℃。新的 AFC 技术使用聚合物膜，与 PEMFC 技术更为接近，但区别在于 AFC 的膜是碱性的，而 PEMFC 的膜是酸性的。它的主要缺点以及区别性特征是 AFC 容易被二氧化碳毒化，即使是空气中的二氧化碳也会影响燃料电池的运行。因此，需要对供应给燃料电池的空气和氢气进行净化，但这会使系统更加昂贵。如果发生二氧化碳中毒，则碱性燃料电池的使用寿命会明显缩短。

4）磷酸燃料电池（PAFC）在重量和体积与其他类型燃料电池相同时，其技术性能表现相对较差。采用这种技术的燃料电池通常质量与体积较大且价格昂贵，相比其他类型的燃料电池，磷酸燃料电池的催化剂也需要使用更多的铂。

5）熔融碳酸盐燃料电池（MCFC）的工作温度约为 650℃，因此它有着与固体氧化物燃料电池类似的缺陷。较高的工作温度且使用有腐蚀性的电解液会加速内部部件的损坏，进而缩短其使用寿命。值得注意的是，如果将这种燃料电池与涡轮机组合使用，则整体效率可提高到85%。

表2.2总结了各类燃料电池技术的优缺点。对比可知，质子交换膜燃料电池和固体氧化物燃料电池是短期内最适合商业化应用的燃料电池技术。

表2.2 各类燃料电池技术优缺点对比

燃料电池类型	工作温度/℃	电堆功率/kW	应用	优点	缺点
PEM	<120	<1~100	应急电源 移动供电 分布式发电 交通	固体电解质 较低工作温度 可快速启动	催化剂昂贵 对燃料中的杂质敏感
AFC	<100	1~100	军事 太空 应急电源 交通	组件成本低 较低工作温度 可快速启动	对燃料和空气中的 CO_2 敏感 需控制液态电解液
PAFC	150~200	10~400	分布式发电	适合热电联产 对燃料中的杂质不耐受	催化剂昂贵 启动时间长 对硫敏感
MCFC	600~700	300~3000	公用设施 分布式发电	高效率 可用各种燃料 适合热电联产 可与燃气轮机联用	因高温产生损伤 电池组件易破损 启动时间长 功率密度低
SOFC	500~1000	1~2000	辅助电源装置（APU） 公用设施分布式发电	高效率 可用各种燃料 固体电解质适合 μCHP 可与燃气轮机联用	因高温产生损伤 电池组件易破损 启动时间长 启停次数受限

本节对不同的燃料电池系统进行了介绍。事实上，燃料电池系统的正常运行需要一系列的辅助部件，无论使用哪种燃料电池技术，都需要使用相应的辅助设备。所以在使

用燃料电池时，应该对系统层面的因素加以考虑。整个系统集成过程中仍然存在许多障碍，其中之一就是系统整体的效率问题。

2.3 系统分析

在研究燃料电池系统整体能量效率优化，尤其是在考虑各辅助装置时，需要进行系统分析。作者团队对燃料电池辅助装置（加湿器、压缩机、功率变换器等）和系统进行了多项研究，包括寻找燃料电池发电机最优架构、基于燃料电池和超级电容器的辅助电源设计和实现、SOFC 辅助电源的建模和测试等。本节将介绍燃料电池系统的各组成部件以及基于已有燃料电池技术的系统架构。

2.3.1 辅助装置

燃料电池正常工作需要一系列必要的辅助装置。燃料电池系统通常由以下部分组成：燃料电池堆、燃料供应管路、氧化剂供应管路、冷却管路、电子线路、控制/管理系统。

燃料电池的辅助装置依然存在许多科学与技术难题有待解决。在确定辅助装置的选型之前，应该明确组成燃料电池系统的各个装置的作用。

（1）燃料供应管路

用于为燃料电池阳极提供燃料，准确控制供给燃料的温度、压力、流量、成分和加湿条件。不论是哪种类型的燃料，都需要在罐中存储。

（2）氧化剂供应管路

基于现有的燃料电池技术，燃料电池阴极氧化剂供应和阳极燃料气体供应的相关要求是一致的。最广泛使用的氧化剂是空气中的氧气，空气无须存储，但在某些应用中（特别是在无氧环境中）使用纯氧时需要储存。给反应气体增压可提高燃料电池的性能。大部分燃料电池系统都配备了空气压缩机，空压机可以使气体压力提升至大气压的 2~4 倍。

（3）冷却管路

燃料电池除了发电，还应考虑其使用过程中产生的热量。该管路的主要功能是将燃料电池堆保持在其额定工作温度，并排出电化学反应过程中产生的热量。根据所用技术的不同，该管路还可以对产生的热量加以利用。

（4）电子线路

其功能在于尽可能有效地连接燃料电池与负载。燃料电池产生的是直流电（DC），而许多应用场景则使用交流电（AC），因此还需要一个转换器来转换和调整燃料电池发电机的电流，以便给负载和燃料电池系统的辅助装置供电。使用 DC/DC 变换器的主要困难是燃料电池发电机工作在低电压高电流工况，这涉及各组件的选型。此外，必须对燃料电池输出端的 DC/DC 变换器产生的杂波（开关的高频换向）加以滤除，以避免导致燃料电池的衰减。

（5）控制/管理系统

监控系统是燃料电池系统的核心，用以实现系统运行的优化。实际上，各个辅助装置都需要控制和管理，以使燃料电池在确保材料和人员安全的条件下运行，并达到最优的能量效率。

根据采用技术的不同，燃料电池系统还具有其他类型的辅助装置。例如，高工作温度燃料电池的尾气处理装置以及燃料电池系统中经常使用的储能模块。

尽管对燃料电池核心及其辅助装置的研究已取得重大进展，但事实证明，使用专用组件仍可以提高系统的整体能效。实际上，各辅助装置消耗电量的多少对燃料电池系统的净发电效率有较大影响，计算时需要将辅助装置消耗功率应从燃料电池所提供的总功率中扣除，如下式所示：

$$\eta_{net} = \frac{P_{FC} - P_{aux}}{P_{chemical}} = \frac{V_{FC} I_{FC} - P_{aux}}{-\dot{\eta}_{H2} \Delta H_f n} \qquad [2.11]$$

式中，ΔH_f 是水的标准摩尔生成焓，其对应于 1mol 氢燃料完全燃烧所释放的热量；$\dot{\eta}_{H2}$ 是单个电池提供预期电功率时消耗的氢气摩尔流量；V_{FC} 是燃料电池电压；I_{FC} 是燃料电池输出的电流；P_{aux} 是辅助装置消耗的总功率；n 是燃料电池中单体电池的数量。

提高总体能效的另一种方法是根据已有的燃料电池技术对系统架构进行优化，这些内容将在下一节中讨论。

2.3.2　系统架构

燃料电池系统包括一系列辅助装置，它们之间的相互协同配合确保了燃料电池运行状态的最优化。根据现有的典型技术类型，辅助装置至少有五个，即氧化剂、燃料、冷却装置、电气控制装置和监控装置等。另外加湿管路（对于 PEMFC）或废气后处理管路（对于较高工作温度的 PEMFC）也可以加到基本辅助装置中。图 2.4 展示了基本燃料电池的系统架构。

这一系列辅助装置之间的强耦合使系统具有多物理场（电、流体、热等）和多尺度（时间和空间）特性，需要对每个辅助装置进行精准控制，并对系统进行全面监控。

系统的控制/管理在很大程度上取决于所开发的系统架构，根据已有燃料电池技术和预期的应用场景（交通运输、固定式、便携式等）而有所不同。系统的具体集成方案是一个重要因素，燃料电池系统在汽车或建筑物中应用时其在质量和体积方面受到的约束将完全不同。

固定式供电应用和汽车应用之间最大的区别在于电气调节装置的结构。专用于交通运输的系统必须是完全自主的，而对于固定式应用则可以选择独立运行，还可以与现有电网配合或作为应急电源并行使用。

能够独立运行的燃料电池系统必须与其他能量源（辅助电源，例如超级电容器或储能电池）进行配合工作，以便在功率需求峰值时对燃料电池系统的功率进行补充，而峰值功率输出这种情况对于燃料电池系统应当加以避免。辅助电源同样要在系统启动时提供所需的能量。我们将在第 3 章对这种系统的架构和能源管理策略进行讨论。

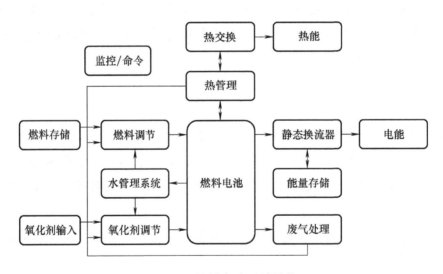

图 2.4　燃料电池系统结构

图 2.4 详细介绍了 PEMFC 系统和 SOFC 系统可能的系统架构，下面将介绍这些系统中的一些专用辅助装置。

2.3.2.1　质子交换膜燃料电池

（1）燃料供给管路

PEMFC 的阳极通常由储氢瓶供给氢气，也可以使用由碳氢化合物（天然气、甲烷等）重整生成的氢气，但这类燃料供给方式需要在管路中增加重整器。此外，在燃料电池入口处的重整产物还包含部分一氧化碳和硫，这两种气体会对 PEMFC 的膜造成污染。

因此，在 PEMFC 应用中通常考虑使用纯氢。

阳极的氢气供应有三种方式（见图 2.5）：开放阳极式、封闭式或盲端模式、气体再循环式。

对于开放阳极式，为了控制质子交换膜上的横向应力以避免因压力差过大造成膜破裂，控制系统需控制期望流量以使阳极压力与阴极压力大体相同。在这种方式下，阳极会通入适度过量的氢气以使氢气能够恰好覆盖阳极扩散层。此处重点定义化学计量比 FS_A（见式 [2.12]），其对应于输入阳极的氢气质量与反应理论上需求的氧气质量之比。这种供氢方式有利于燃料电池的性能提升，但会降低系统的整体能效，因为在反应过程中未消耗的氢气直接排放到了大气中[PÉR 13]。这种方式的实现需要许多传感器和执行装置相互配合，通常用于在试验台上测量燃料电池的特性或固定式供电应用的场景中。

$$\dot{\eta}_{H2} = FS_A \frac{NI_{PAC}}{2F} \qquad [2.12]$$

其中 F 是法拉第常数（$F = 96485C/mol$）。

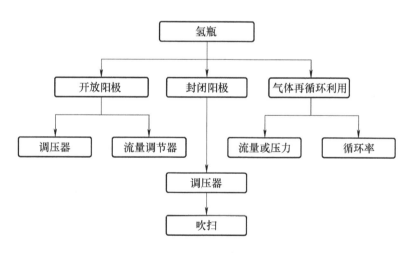

图 2.5 燃料电池系统架构

对于封闭模式，其在交通运输应用中更为常见。实际上，这种架构是最简单的，因为它仅需要在输入端添加一个压力调节器，在输出端添加一个排气阀。根据所需电流的大小，燃料电池通过调节输入压力实现，反应用多少氢气就输入多少，这种情况下的化学计量比接近于 1。出口端的吹扫过程是必要的，用于及时排出反应过程中产生的水以及从阴极渗透出的氮气。正是因为及时排出了这些副产物，才能确保氢气的浓度能够满足燃料电池正常运行的需要。

对于再循环模式，其使得系统能够以大于 1 的化学计量比运行，因为在输出端未消耗的氢气会通过气泵或再循环压缩机被输送回到输入端。该架构相对于开放阳极式，需使用专用的氢气循环泵，但是这种方式并不太常见（如下一节所述）。

（2）氧化剂供给管路

根据制造商的不同，阴极供应的空气（氧气）压力也有所不同，从几百毫巴到 1.5bar 甚至 2.5 bar（相对压力）不等。当燃料电池在大气压下工作时，可以使用单循环管路，通常使用通风机或鼓风机配合空气导引装置把空气通入阴极。对于功率低于 1kW 的 PEMFC，该空气管路也可以同时作为空气冷却管路使用。

不管氧化剂输入压力如何，燃料电池都采用开放阴极，有以下两个原因：一是空气由大约 79% 的氮气和 21% 的氧气组成，封闭的阴极会导致阴极上氮气的大量积累；二是阴极的化学计量比（FS_C）较高时，有利于促进氧气的扩散并确保反应产生的水正常排出。

不过，在阴极使用压缩空气仍可提高燃料电池的性能。对于功率大于 1kW 的燃料电池，通常使用加压空气的方法。空气压缩机可以产生压缩空气，也能够在不同压力水平（通常为 1.5~4bar）下提供可变的空气流量[TEK 04]。理论和实验研究显示，电化学转化效率会随着气体分压的增加而增加。如图 2.6 所示，气体压力增加将使燃料电池电压增加，从而产生更高的功率密度。同样，能斯特方程（见式［2.13］）表明，电压与气体压力的对数成正比。

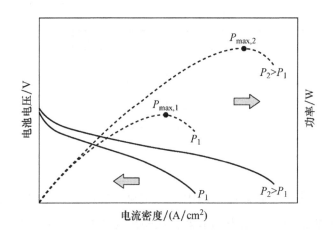

图 2.6　空气入射压力对质子交换膜燃料电池电压的影响

$$\Delta V = \left(\frac{RT}{2F}\right) \ln\left(\frac{P_2}{P_1}\right) \quad\quad [2.13]$$

式中，ΔV 是 FC 的电压增量（V）；P_1 和 P_2 是气体分压（bar_{abs}）；T 是反应温度（K）；

F 是法拉第常数（96485C/mol）；R 是理想气体常数（8314.32J/K/kmol）。

空气压缩机是高压燃料电池的必需组件。对于交通应用，必须使用小巧轻便的空气压缩机，以便提供无油的清洁空气。然而，这种空气压缩机成本高、体积大、噪声大，除了压缩泵头之外，还必须集成电动机、控制单元和冷却系统。

作者团队曾主持研究过一个法国国家科研署（ANR）项目，名称为 ICARE-CSP[ANR 10]（功率10kW以上的燃料电池系统压缩机的研究、表征和开发），于2008—2010年进行。

研究表明，压缩机很难同时满足以下全部要求（非详尽清单）：

1）空气质量达标，即完全无油，尤其是功率大于10kW的压缩机。

2）交通应用中的噪声需要符合标准，能被公众所接受。

3）气体流量、气体压力与电能消耗之间的折中平衡。

4）较高的动态响应特性。

5）总体尺寸及机械负荷承载能力。

6）电磁兼容性。

在这种情况下，作者团队可为2010年市场上 PEMFC 的空气压缩技术提供最先进的解决方案，定义空气压缩系统的通用规范，通过实验对市面上的产品进行测试和表征，并确定空气压缩机组的优化控制策略[DAV 10]。此外，还给出了三种适用于燃料电池应用的压缩机技术：双螺杆式压缩机、离心式压缩机和涡旋式压缩机。然而，这三种压缩机都未能完全符合终端用户的需求。双螺杆式压缩机有着非常高的性能，但其声学特征不适合交通应用（额定工况下，3m处的噪声>120dB）；离心压缩机由于其喘振线的限制，无法在低功率运行点使用，减少了其使用范围。涡旋压缩机符合空气动力学和能量标准，但其体积与重量较大（用于20kW燃料电池时，其重量超过30kg）。表2.3总结了这三类压缩机[JEM 11]的主要特性。

表 2.3 三类压缩机技术的主要特性对比总结

压缩机类型	最大流量/(g/s)	效率	最大压力/bar_abs.	质量/kg	体积/dm³	噪声/dBA	燃料电池功率/kW
涡旋式	30	0.82	2.3	30	27	65	20
双螺杆式	33	>1 带涡轮	3.5	13	20	>120	20
离心式	50	0.76	2.8	2.9	3.5	65	20

注：■ 符合规格；□ 部分符合规格；■ 不符合规格。

对于双螺杆式压缩机，通过配合使用涡轮将燃料电池排放的热空气加以回收利用，可以节约 15%~22% 的电量消耗，其效率（式 [2.14]）高于 1：

$$\eta = \eta_v \eta_{adiabatic,e} \eta_{inverter} \qquad [2.14]$$

式中，η 是整体效率；η_v 是体积效率；$\eta_{adiabatic,e}$ 是实验绝热效率；$\eta_{inverter}$ 是转换效率。

在空气供给管路中使用压缩机，可采用不同的供气控制方式（见图 2.7）。

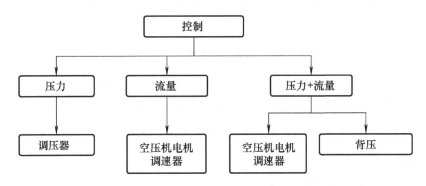

图 2.7　PEMFC 空气路径的多种控制方式

最简单的方式是通过控制驱动压缩机的电机转速来调节空气流量。然而，为了获得更高的性能，最好采用调节压力和流量的方式，除了对压缩机的流量进行调节外，还应在燃料电池阴极出口处安装一个背压阀。

ICARE-CSP 项目的研究结果表明，供气管路对燃料电池系统的性能起着至关重要的作用。尽管燃料电池能够以出色的动态特性及时响应负载的电流需求，但是这一点不适用于空气压缩机。对于 20kW 的燃料电池，从 0 达到 90% 额定空气流量的响应时间长达 4s。因此，目前空气压缩机仍然是燃料电池系统的主要技术障碍之一。此外，如果供气管路中包含加湿模块，则该管路会变得更加复杂。然而，为了保障膜的质子传导效率，通常必须使用加湿装置对输入的空气进行加湿处理。

（3）加湿管路

在 PEMFC 中，需要持续控制膜的含水量以确保膜的离子电导率，从而保证质子（H^+）从阳极到阴极的顺利传输。然而，过量的水会淹没电极的活性区域并阻碍气体扩散，这种水淹现象在有水产生的阴极特别敏感。膜变干和/或水淹都会减少电堆输出功率并缩短燃料电池的使用寿命。因此，需要根据气体的温度和电池本身的工作温度对电池输入端的气体进行加湿。根据燃料电池制造商的意见，在阳极输入的氢气也应该进行加湿处理。

膜加湿的方法有若干种（见图 2.8）。最简单的方法是利用阴极电化学反应产生的水进行膜的自加湿。在车载低功率应用中，普遍利用微型短管路实现膜的均匀加湿。然而，对于高功率应用，最好依靠外部加湿。因为阴极过高的空气流速会带走水分，增加膜变干的风险，并使燃料电池性能降低。

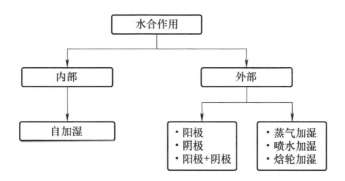

图 2.8 PEMFC 水合作用的多种模式[CAN 13]

外部加湿方式包括：用于车载燃料电池发电机的焓轮增湿器、用于固定应用和测试台的喷水加湿系统和/或鼓泡加湿系统。对于车载燃料电池系统，总的目标是通过回收电池输出端产生的热量和水来加湿输入端的空气，从而达到水平衡，在整体上实现自加湿[CAN 07]。

为了对膜中的水分进行更好的管理控制，尤其是为了避免出现凝结现象，对进气管路进行热量管理至关重要，它通常与燃料电池堆的冷却管路相连。

（4）冷却管路

PEMFC 除了产生电力外，还会产生热量。冷却管路通过散发电化学反应过程中产生的热量来控制燃料电池的工作温度（约80℃）。PEMFC 的系统性能在很大程度上取决于其温度，良好的温度控制至关重要。实际上，高温干燥的膜使得离子阻抗增加，导致燃料电池输出电压降低。而零下的低温将可能发生冻结而阻止反应。在这种情况下，该管路将被用为预热管路，需要外部供能。

基于燃料电池的功率和系统的紧凑性，可选择不同的冷却系统，主要包括：

1）与环境空气进行自然对流散热。

2）使用通风设备进行强制对流散热（双极板可能会有散热片）。

3）与耦合有热交换器（水/水或空气/水）的双极板中的传热流体进行循环散热，在冷启动或处于零下温度的情况时，传热流体可采用去离子水或乙二醇溶液。

（5）燃料电池系统的能耗

如前几节所述，质子交换膜燃料电池的性能会受到保证其正常工作各辅助装置的影响。辅助装置的能耗会大大降低系统的整体能效。这些辅助装置消耗的功率约占燃料电池输出总功率的 25%~35%。图 2.9 给出了各种辅助装置消耗的功率占比情况。在最优化运行条件下，如果燃料电池系统的电效率为 65%（即各种辅助装置消耗的电能占比为 35%），则燃料电池发电机组的效率降至 32%。

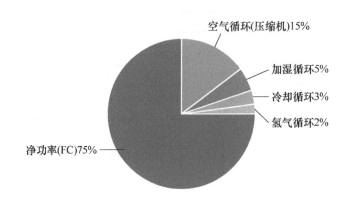

图 2.9　燃料电池系统中辅助设备耗电功率占比

空气供给系统的能耗最高，它消耗的功率占燃料电池总输出功率的 15% 左右，这主要是由于空气压缩机驱动电机的电能消耗。

其他通常由泵和阀组成的系统大约消耗总功率的 10%。尽管本节已指出优化的系统结构可减少辅助装置的能耗，但是这方面的工作仍然需要更深入的研究（尤其是对于空气压缩机）。在电池阴极出口处增设膨胀涡轮机并与空气压缩机相连，可以帮助提高效率。通过将水直接注入空气压缩机入口，可使空气加湿与压缩工序相结合，这将有助于对压缩空气的冷却和加湿。

2.3.2.2　固体氧化物燃料电池

固体氧化物燃料电池的较高运行高温（大于 700℃）使得系统热管理和控制策略相对复杂。主要由隔热材料组成的"高温"部件在运行过程中会遇到许多问题，特别是在热循环过程中，密封垫圈和固体氧化物燃料电池上的机械应力较大，可能会导致反应物泄漏或部件的机械损坏。SOFC 系统的启动时间也是一个限制因素，限制了其在对动态响应有要求或需要频繁启停操作等场景中的应用。该技术在固定式供电或热电联产应用上具有优势。

（1）燃料供给管路

如第 1.4.3.2 节所述，固体氧化物燃料电池的阳极可以供应纯氢气或者由碳氢化合物重整而来的燃料气体。如果使用纯氢气，则系统相对简单，只需将与 PEMFC 要求类似的气体输送到阳极即可，仅有温度需要变化。然而，在固体氧化物燃料电池应用中，最常见的是使用重整气体，较高的运行温度可使重整过程产生的一氧化碳氧化为二氧化碳。在这种情况下，重整器是燃料供应管路的主要组成部件。几类常见的重整技术可参见第1章的介绍。

固体氧化物燃料电池中的阳极成分（镍-氧化锆金属陶瓷）需要进行防护，尤其是在以下运行阶段：系统启动时将电池堆加热到其工作温度的阶段、系统停机时电池堆冷却的阶段、系统紧急停机的阶段过程。在操作过程中，当电池堆温度保持在400℃以上时，要避免阳极接触空气，防止阳极的镍被再度氧化。此外，在上述阶段向阳极输送氢气和氩气的混合气也有助于避免这一潜在问题。

固体氧化物燃料电池只能采用开放式阳极，由于此种模式下化学计量比非常低，因此燃料电池输出口的废气中未反应燃料的比例很高，可以通过多种方式实现回收利用：一是用在燃烧装置中，用于加热部分系统（重整器或阴极输入的空气）；二是用于直接燃烧，产生的热量可以通过换热装置用于热电联产，温度越高，能量回收效率越高；三是用作与固体氧化物燃料电池系统相连接热机的燃料（微型涡轮机、斯特林发动机等）[GAY 10,PÉR 13]。

值得注意的是，可以根据制造商的建议对输入固体氧化物燃料电池阳极的气体进行加湿处理。

（2）氧化剂供给管路

与质子交换膜燃料电池系统类似，氧化剂供给管路将空气通入阴极。空气压缩机通常用于供给压缩空气并控制固体氧化物燃料电池的热区温度。但是，在低功率应用场景下（损耗很小），通常需要使用加热装置来保证固体氧化物燃料电池的工作温度恒定。

（3）热管理系统

如前所述，有两种热管理系统构型。

1）对于大功率燃料电池，通常使用重整器来提供燃料。在这种情况下，电池堆和重整器必须达到约800℃才能正常运行。可以将重整器和电池堆放置在隔热舱中。由于燃烧重整器入口处多余燃料的消耗（用于燃烧器加热），隔热舱的温度可能会升高。固体氧化物燃料电池系统在运行中应尽量避免冷热交替变化（工作温度与环境温度的相互变化），保持其在较低的工作温度条件（约400℃），可避免材料过早老化。显然，这个过程需要严格的热量管理控制，可能导致额外的能耗（燃料或电力）。

2）对于较低功率的燃料电池，应使用能够提升系统温度的加热炉。阳极和阴极气体通过加热炉中添加的管道式盘管被输入电池堆，以便对进入燃料电池堆之前的气体进行高温加热。图2.10展示了这种系统架构。

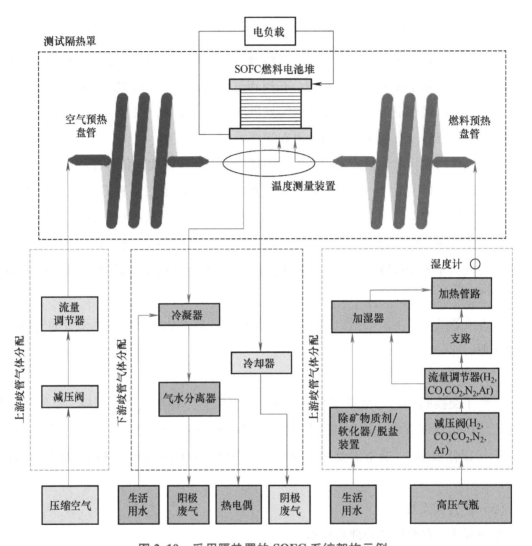

图 2.10　采用隔热罩的 SOFC 系统架构示例

本节中描述了两种最常用燃料电池系统的技术体系结构，但无论使用哪种技术和系统架构，都需要先通过实验验证。下一节将介绍作者实验室中各种试验情况。

2.4　燃料电池系统的局限性

前面几节介绍了几种有望很快出现在交通或固定式发电应用中的燃料电池技术。尽管这些技术已经具备足够的成熟度来打开市场，但是仍然有许多问题需要解决。本节将列出一些当前燃料电池系统的局限性。

对于交通应用，目前 PEMFC 的使用寿命约为 3000h，以汽车平均速度 50km/h 计算，这一使用寿命对应的里程为 150000km。除非燃料电池汽车具有与传统车辆相同甚至更高的性能，否则燃料电池技术难以被消费者所接受。因此，美国能源部（DOE）已将汽车应用 PEMFC 的使用寿命目标定为 5000h（相当于里程 250000km）。

在实际运行工况下，5000h 运行时间内的性能衰减需要控制在初始性能的 10% 以内。很多复杂的工作条件（空气或燃料中的杂质、频繁的启停操作、低温冷启动、空气湿度、供气循环、振动等），都可能导致燃料电池材料或组件的化学、机械性能下降。这些性能产生衰减的原因是一个非常复杂的问题，需要制定有效的策略以减小衰减，燃料电池诊断和预测就是其中一部分，具体请参阅本书第 4 章。

对于固定式应用，需要具备超过 60000h 运行的能力，只有这样才能够与其他能源发电系统相竞争，以使用户获得可以接受的投资回报。固体氧化物燃料电池较高的工作温度会造成其材料和部件（电极、电解质等）机械性能的衰减。为了更好地研究这些衰减现象并改进技术，需要开发加速老化试验方法。无论是在固定式还是移动式应用，整个燃料电池系统的使用寿命都有待提高。

如果要使燃料电池系统成功打入市场，则必须减少燃料电池关键部件的材料成本及其制造成本，重点应该集中在对高性能膜、使用更少贵金属的低成本催化剂以及更耐腐蚀的双极板的研究开发上。

在交通应用中，催化剂是燃料电池中成本最高的部分[JAM 10]。一种可能的方案是使用非铂族金属作为催化剂，以降低膜电极组件的成本。该解决方案已经用于高温燃料电池（SOFC 和 PAFC）。对这类电池的降成本工作，应集中在减少电池和耐高温连接及辅助装置的制造成本上。全部辅助装置的成本约占整个燃料电池系统（辅助装置+燃料电池）成本的 50%，这一占比应继续降低。有些组件是专门为燃料电池技术设计的，比如空气压缩机、热交换器、加湿装置和静态变流器。

空气压缩机技术目前已处于与电机设计者、压缩机和压缩机泵头制造商讨论的中后期阶段，后续与电气工程专家和旋转机械的流体力学专家开展联合设计也很重要，采用超高转速（>100000r/min）技术可以减小压缩机体积并降低能耗。燃料电池系统想要打入市场，其效率和性能必须不低于其他竞争技术。燃料电池的性能会影响燃料电池发电机的效率，同时，各辅助装置也会影响到整体系统的性能损失。

低温燃料电池的水管理系统应能够使燃料电池在较大的工作温度范围内实现最佳运行，尤其应避免膜的水淹或变干，这会阻碍电化学反应（水淹）或降低膜的质子传导性

（变干）。此外，对于固定发电或交通应用，燃料电池系统必须能够保证在零下的环境温度下运行。为实现上述目标，需要改进气体扩散层、双极板气体输送通道、催化层和膜的设计。

燃料电池冷却和气体加湿也是优化性能的关键点，有待研发体积更小、效率更高的加湿系统。PEMFC 的工作温度和环境温度差异较小，无法很好地利用反应产生的热量，这就需要使用大型冷却系统（因为需要散热性能好的换热器）。反之，固体氧化物燃料电池直接使用反应产生的热能可以提高整个系统的效率，但是在非常高的温度下利用反应产生的热量可能会使系统设计复杂化。因此，零下温度时的水量管理策略也是十分关键的。

此外，通过空气压缩机进行的空气供给也必须加以优化。如本章所述，压缩机最多可消耗燃料电池产出功率的 15%。改进空气压缩机的主要方向是减小体积、提高效率、降低成本。

最后，燃料电池的负载曲线是对系统性能影响最大的参数之一。无论天气情况如何，用于交通领域的燃料电池系统都应该具备迅速启动以及对大功率需求做出快速响应的能力。对于固定式发电应用，特别是固体氧化物燃料电池，为了避免造成材料损坏，需要对其快速启动、突然停止和热循环等加以预测。这需要减少对系统的动态操作以及减小燃料电池堆的尺寸，从而满足系统部件的热约束条件。

为了克服上述问题，燃料电池混合动力系统是很有前景的解决方案之一，这将是第 3 章讨论的重点。

2.5 本章小结

本章讨论了理解燃料电池及其系统运行必不可少的内容。首先介绍了现有的各种燃料电池技术，然后重点分析了目前最常用的两种燃料电池，即质子交换膜燃料电池和固体氧化物燃料电池。质子交换膜燃料电池可以用于交通或固定式发电应用场景，而固体氧化物燃料电池主要用于固定式发电应用，本章也探讨了将固体氧化物燃料电池用于交通运输应用的可能性。无论是哪种技术或者怎样的应用范围，都需要使用燃料电池系统而非单个燃料电池。本章重点说明了燃料电池及其辅助装置之间的紧密关系，这使得系统呈现多物理场和多尺度耦合的复杂状态。尽管如此，燃料电池发电机仍具有许多优点，特别是在效率、声学特性和污染排放方面。

本章中的相关研究和实验清楚地展示了燃料电池系统的动态特性。尽管燃料电池具有快速响应能力，但其辅助装置（空气压缩机、氢气供给、加湿、冷却等）却具有不同的响应时间（从几毫秒到几分钟），这对系统整体运行不利。

将燃料电池发电机与其他能源动力设备搭配使用可能是一个很好的替代方案。采用混合动力系统不但能够提高燃料电池系统的性能，还能够显著延长系统的使用寿命。这些内容将在第 3 章中介绍。

第 **3** 章

混合动力发动机

3.1 概述

提高燃料电池发动机的性能仍然是我们关注的重点之一，为更好地开展燃料电池的应用，需要使用混合动力技术。当前的应用重心主要放在交通运输领域，该应用场景下的动态约束可能是燃料电池堆衰减的原因。尤其是在没有经过验证的可遵循理论的情况下将燃料电池用作电动汽车的单一能源时，需要对燃料电池系统进行精确、费时的控制。尽管燃料电池的电化学响应时间很短，但其配套的辅件装置限制了系统的整体动态特性。阴极的空气供给就是最好的例子，空气压缩机的动态特性响应通常比燃料电池的固有动力学特性响应慢，从而导致系统的整体性能降低。

为了减少电动汽车的整体能耗，需要回收（即便是部分回收）制动能量。然而，燃料电池具有不可逆性，单独使用燃料电池无法回收制动能量，这正是燃料电池的局限性所在[HIS 06]。实际上，可考虑将燃料电池与储能设备混合使用，以达到较高的整体效率。这个方法已被选做 Mona Ibrahim[IBR 13] 和 Jérôme Baert[BAE 13a] 的博士论文课题，以便开展更加系统的研究。

3.2 混合电源

在嵌入式或固定式系统中，混合使用多种不同性质的能量来源是很有前景的解决方案。它能够在能量和功率方面实现各种互补组合，从而在性能方面产生一定的优势。这些混合动力系统是为发电和用电而设计，也经常用于能量存储，被称为电能存储系统

（EESS）。

在固定式应用中，混合电源系统通常独立于电网，并且包括不止一种能源或电源。它们的功率可以从几兆瓦（比如用于一个小岛）到几千瓦（比如用于一座小木屋或一所小房子）不等。混合动力系统通常依赖于可再生能源，然而可再生能源具有间歇性。因此，拥有高性能的电力存储系统很重要。将不同能源或存储系统混合使用，在性能（效率、寿命、能量密度和功率等）方面有诸多优势，这得益于混合系统各组成部分的不同特点。

对于车载应用，混合动力系统主要用于交通运输，尤其是用于电动和混合动力车辆。本章重点介绍这种类型的应用。

3.2.1　面向交通领域的混合动力

俗话说"三个臭皮匠，顶个诸葛亮"，用来形容车辆动力系统来说非常贴切。通过将内燃机和由其他存储能量驱动的电动机相结合，混合动力汽车在减少污染排放方面有着不错的市场表现。

通常使用性能指标来对混合动力系统进行分类。根据文献［ALL 10，BEN 05］介绍，有以下六种常规指标：

1）比功率（W/kg），即每千克的部件可以提供的功率。

2）比能量（W·h/kg），即每千克的部件可以提供的能量。储能元件通常不能完全释放所存储的能量，比能量具有一个无法达到的最大理论值。

3）耐久性，即电化学储能元件（电池）或静电储能元件（超级电容器）可以进行的充电/放电循环次数。对于具有外部能量存储装置（电化学反应器或燃料电池）的系统，耐久性定义为可"正常"（只要性能不低于设定的阈值即可）运行的时长。

4）成本［€/(kW·h)］，即初始制造成本与后期使用成本之和。

5）可回收性，在部件寿命周期结束时应考虑其是否可回收。

6）安全性，反映与储能元件或电源有关的风险。

混合动力车辆的能量来源可以具有不同的性质（电化学、机械、热等）和特性，内燃机（ICE）、电化学蓄电池（EA）、超级电容器（UC）、燃料电池（FC）、惯性飞轮等都是可能的能源装置。

混合能源的选择取决于实际应用的具体要求，特别是部件的能量密度和功率密度。通过拉贡图（见图3.1）可以对各储能元件的性能进行比较。根据图片所示，为了覆盖更大的能量密度和功率密度范围，需要对多种技术进行混合使用。

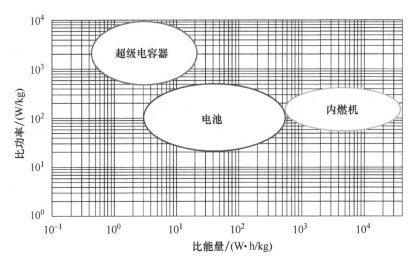

图 3.1　拉贡图[BAE 13a]

车载能源混合方式的选择是至关重要的。混合动力电动汽车（HEV）至少由一台内燃机和一台电机组成，目的是使车辆同时具备传统汽车（ICE）和纯电动汽车（EV）的性能。混合动力汽车比传统汽车污染排放更少，并提供比纯电动汽车更好的自主性。

目前存在多种 HEV 架构，可以分为以下三类：

（1）串联式混合动力（见图 3.2a）

驱动功率完全来自电能。内燃机或燃料电池等主要动力源并不机械连接驱动轴，而是与发电机相连。当这种架构与内燃机一起使用时具有显著的优势，可使内燃机在怠速工况下停机，而在其额定运行点下使用，这样可以减少污染排放。然而，这种架构需要较大容量的车载电池，将占据相当大的质量和体积。

（2）并联式混合动力（见图 3.2b）

这种架构的关键点是将传统的驱动链（发动机+变速器）与电动驱动链（电池+电机与车轮耦合）并联，可以独立或同时运行，增加供给功率。

（3）混联式混合动力（见图 3.2c）

顾名思义，该架构是串联和并联方式的组合，由内燃机直接驱动车辆或者通过发电机为电池充电。

具体架构需要根据载运工具的类型（轻型车辆、载货车、火车、直升机等）来选择，这种选择还涉及控制结构以及与之相适应的能量管理系统。这将是下一部分讨论的重点。

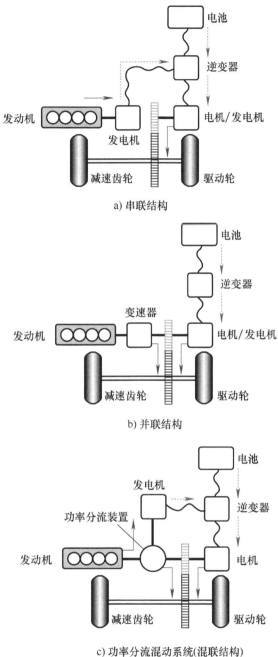

a) 串联结构

b) 并联结构

c) 功率分流混动系统(混联结构)

图 3.2 混合动力架构[TOY 13]

3.2.2 混合动力系统的能源管理

由于混合动力车辆上存在不同的能源,需要对各部分能源进行管理,从而提升整体的性能。从系统的角度来看,为了提高系统的整体效率,确保系统的正常运行,需要对各种能源之间的功率流进行控制,这被称为能量管理策略。

局部能量管理是对指定部件或子系统运行的优化，而全局能量管理则是对整个系统运行的优化，两者会遇到很多相互矛盾的问题。全局能量管理通常采用基于准稳态模型的控制策略研究形式，意味着必须严格考虑各子系统之间的相互作用；而局部能量管理则涉及系统动态控制的各个方面，因此需要考虑瞬态情况[BOU 09]。

这就解释了为什么混合动力汽车的能源管理至关重要。它会影响各个参数，例如能耗、能源设计和能源使用寿命。能量管理策略（EMS）必须能够根据驾驶员的功率需求、交通状况或所需的行驶工况，保证充足的能源在合适的时刻参与工作。换句话说，EMS 是管理车辆上能量生产、使用和存储的数学算法。

EMS 的主要目标是对以下几个指标的优化[PÉR 13]：

1）能耗（对于使用内燃机的混合动力汽车，应将焦耳损耗降至最低，并减少化石燃料的消耗；对于使用燃料电池的混合动力汽车，应减少氢气消耗）。值得注意的是，减少化石燃料消耗可以减少污染物（CO_2、NO_x 等）排放。

2）混合储能系统（HESS）的质量和/或体积。

3）混合储能系统的动态性能。

4）系统的总成本。

5）系统每个部件的使用寿命周期。

6）安全性。

通过定义包含上述各项指标的加权函数，可以同时对其中几个指标进行优化。

能量管理策略的优化有如下两种选择：

（1）离线优化

如果事先知道行驶工况，则可以实现离线优化。在混合动力汽车应用中，这类方法旨在将系统的能耗和污染排放降至最低。动态规划法、庞特里亚金最小值原理（Pontryagin's Minimum Principle）、拉格朗日乘子法（Lagrange Multiplier）和哈密顿函数（Hamiltonian）约束优化法等都是高效的方法[BAE 13a]。它们都基于已知的行驶工况，由此优化的能量管理策略只适用于该特定行驶工况（甚至只适用于特定车辆架构），而在实际行驶工况不会与理想工况相同。使用这类方法的优化过程很难实施，要考虑的约束条件越多，优化就越复杂，计算时间也就越长[CAU 10,LES 10]。因此，这类需要预先知道行驶工况的优化策略并不适用于实时应用。由于该类策略与我们的研究目标不符，所以本书不进行详细介绍。

（2）在线优化

在事先不知道行驶工况的情况下，需要使用在线优化。这是一类给出次优解决方案的实时方法。采用考虑整个研究系统并忽略某些约束的优化原则，以简化整个优化过程。与离线优化不同，它不需要预先知道车辆的行驶工况。此类方法包括模糊逻辑、神经网络、预测控制和小波变换法等。在下一小节中将进一步介绍。

3.2.2.1 在线策略

在线优化算法的能源管理策略可以在考虑整个系统的基础上提供整体优化，并能够实时执行。在线优化策略只考虑系统的实时信息，例如速度、加速度、功率、电压、电流或蓄电池的充电状态[HAJ 06]。这一技术无须预先知道行驶工况即可实现在线优化，它未必是最优解决方案，但却是实际可行的方法[KER 09]。

（1）模糊逻辑

近年来，模糊逻辑算法得到了广泛应用，已迅速成为开发复杂系统控制管理策略时最常用的方法之一。模糊逻辑算法有助于将人类的知识和行为翻译为计算机语言[JAM 09a]，跨越了纯数学方法和纯逻辑方法之间的鸿沟。当需要某些技术使用复杂而精确的方程式对真实的现象和行为进行建模时，模糊逻辑算法既可以为人类逻辑建模，也可以为人类行为建模[LIA 08]。它已成功用于多个科学领域，例如控制[JAM 09b]、导航[SCH 12]和能量管理[BAE 13a,SOL 11]。一型和二型模糊逻辑算法将在第4.4节中详细介绍。

（2）神经网络

神经网络（NN）来源于人脑生物学模型，可以复制或获取人类的行为和知识，并做出"智能"决策。神经网络由几个相互连接的能够处理信息并生成结果的人工神经元组成。人工神经元是具有边界值的非线性参数化代数函数。神经元的操作对象是优化变量，这些变量通常作为神经元的输入，而函数的值被称为输出[DRE 02]。

神经元接收一组输入（变量 x_i），并通过被称为突触系数或突触权重（参数 w_i）的实际值对它们进行加权。如果这些系数为正，则突触是兴奋性的；如果系数为负，则突触是抑制性的。神经元由此计算出其输入值（见式［3.1］）的加权和，即可能值 v。再加上一个用"b"表示的常数项或偏差从而构成激活函数 f 的自变量，该函数计算输出值 y 如式［3.2］所示：

$$v = w_0 b + \sum_{i=1}^{s} w_i x_i \qquad [3.1]$$

$$y = f(v) \qquad [3.2]$$

函数 f 可以根据神经元的用途或者神经元状态 y 的连续、离散或二元性等进行参数化。S型和线性函数是最广泛使用的激活函数。

因此，神经元可以实现其输入变量的线性或非线性参数化函数。神经元之所以重

51

要，是因为它们在网络中具有关联性。神经网络有两种类型，即非递归神经网络和递归神经网络。这些网络具有一层或多层神经元，多层神经元称为多层神经网络。层数和每层神经元的数量取决于问题的非线性情况。在神经网络的学习阶段，可以确定神经元的权重，并以一种隐式的方式获取当前系统的规律。权重计算旨在最大限度地减小期望输出和计算输出之间的误差。因此，神经网络在形状识别、工业过程建模、非线性过程的稳态或动态建模、环境控制、机器人技术、生物工程，时间序列预测、过程控制等领域可以提供有效的解决方案[JEM 04, JEM 08b]。

（3）预测控制

预测控制领域中有三种分类方法，它们的分类依据三个标准，即最优性、控制范围和优化目标。大多数控制策略都依赖于启发式控制器。启发式方法需要大量的计算时间，并且常常产生次优结果[KUT 10]。在预测控制领域中，动态规划是最佳的优化算法。但动态规划算法需要很长的计算时间，不适合车辆控制策略这类实时应用。

（4）小波变换

小波变换将原始信号分解为不同位置和尺度的分量[MAL 08]。相较于其他变换（傅里叶变换只能提取频域信息），小波变换可以在时域和频域中同时提取信息。这种方法常用于识别实时动态功率曲线中的频率。使用该算法，根据各种能源的最佳频率范围，可将功率需求在各种所用能源中进行分配。此外，由于其局部化特性，小波变换在分析和检测给定信号的非平稳性和变化方面非常有用。该方法的详细说明见第4.3.2.2节。

3.2.2.2　ECCE 车辆示例

ECCE 车辆即"电气部件评估车"（见图3.3），是一种重型混合动力车辆（重量为14t），用于实时评估各电气部件的性能，例如电动机、静态变流器、电源或能量管理策略等。这辆车的驱动链包括四个独立控制的电动机，它是一种可移动的试验台，可以由多种能量来源驱动，例如燃料电池系统、电化学蓄电池、超级电容器、惯性飞轮、内燃机等。

ECCE 是一项始于1997年由军备总局资助的研究项目。该项目涉及大量持续性的工作，旨在对车辆进行构建和评估（电机评估[ESP 06]和电池评估[KAD 09]以及驱动系统的能量管理研究[PUS 02]）。自2008年以来，该项目已将研究重心放在对各种能源（燃料电池、超级电容器、惯性飞轮、内燃机等）的控制和管理上。

在 Javier Solano 的论文[SOL 12b]中，通过在车辆上实施一种能量流管理策略并采集道路实验数据（见图3.4），结果表明：完成行驶工况所需的动力由三种能源提供，即燃

图 3.3 混合动力的电气部件评估车

料电池、超级电容器和蓄电池。母线电压稳定大约在 540V，电池（直接连接在母线上）的充电/放电使母线电压产生些许变化。事实证明，超级电容器能够对行驶工况中的动态需求做出很好的响应，并能够回收制动能量。燃料电池提供的功率与气体供给动态特性相适应，尤其取决于含有压缩机的空气供给系统。基于二型模糊逻辑的混合动力汽车能量管理策略的实验验证，是迄今为止的世界首创。在下一节中，将运用由 ECCE 得到的实验数据开发新的能量管理策略。

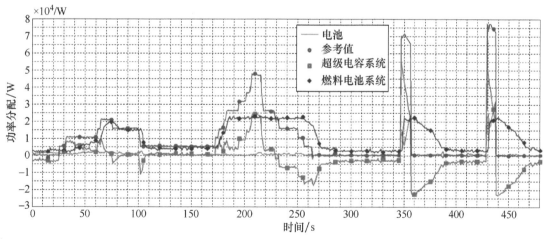

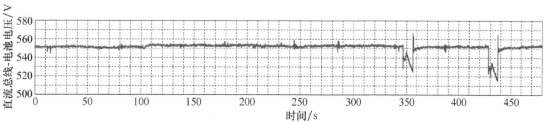

图 3.4 实验结果（2011 年 1 月 19 日）

3.3 燃料电池发电机的混动技术

燃料电池发电机采用混动技术有利于延长其使用寿命。实际上，燃料电池能够可靠运行的频率范围相对有限（从 $10^{-4} \sim 10^{-2}$ Hz 的低频），为了能扩大其频率范围，最好将燃料电池与其他能源混合使用。此外，在交通运输应用中，由于燃料电池是电流不可逆的电压源，只有燃料电池时不能实现制动能量回收，使用混合动力系统可以通过回收制动能量进而提高整体效率。由于在混合动力车辆中使用了不同性质的能源（例如 ECCE 车辆），因此需要根据每种能源的特性制定功率分配策略。混合动力系统的能量管理是 Mona Ibrahim[IBR 13] 论文的课题。其论文的目标是制定一种用于混合动力车辆的实时能量管理策略，论文所涉及的实验是在 ECCE 车辆上完成的。

本节主要使用小波变换方法，后续又结合了其他方法，如神经网络、自回归差分移动平均（ARIMA）模型等。这些算法的原则是任意时刻（产生包含各种频率范围的时间序列）在各能源间（即燃料电池、电化学蓄电池和超级电容器）对行驶工况的功率需求进行分配。这种分配符合能源的频率特性：将低频需求分配给燃料电池和/或电化学蓄电池，将高频需求分配给超级电容器。最优分配可以提高能源的使用寿命，尤其是对于燃料电池[THO 09]。我们的目标是实现在线优化。这种情况下，行驶工况是预先不知道的，因为它完全取决于驾驶员。目前的在线优化算法数值模拟，在相当大的预测范围以及可接受的计算时间内，都得到了较好的结果。

本节第一部分将简要介绍小波变换方法；第二部分将展示如何将此数学方法应用于混合动力汽车的能量管理；最后两部分将介绍要实现高性能的在线管理，在某些情况下需要对功率需求进行预测，使用神经网络和非线性自回归神经网络（NARNN）或自回归差分移动平均（ARIMA）模型可实现这一目标。这些内容借鉴了 Mona Ibrahim[IBR 13] 的研究工作。

3.3.1 小波变换法在能量管理中的应用

3.3.1.1 小波变换法简介

小波分析法等时间尺度方法适用于分析非稳态信号。与傅立叶变换法类似，小波变换法将信号从时间表示转换为频率表示；与窗口变换类似，它允许测量信号频率分量的时间变化。小波变换的时频分辨率更灵活，更优化[MAL 99]。此方法依赖于使窗口（小波）适应分析尺度的能力：对于低频信号，不需要精细的时间分辨率，因此可以使用宽时间窗和窄频率窗；而对于高频信号，则使用时间局部化的宽频率窗。窗口的这种适应性源于函数通过缩放在每个比例下生成一系列"窗"。换句话说，时间窗越窄，小波压缩的程度越高、震荡速度越快；时间窗越宽，小波就越扩张。使用适应性强的一系列"窗"能够让我们在时间和频率分辨率之间进行折中选择。小波变换法在过去 20 年中引起了越来越多的关注，但在很长一段时间仅局限于数学领域，直到 Mallat[MAL 99]建立了其与滤波的联系，它才被用于信号处理。现如今，小波变换法已成为数学家和工程师之间的纽带，被应用于多个领域，例如噪声消除、图像压缩以及地震信号和医学领域的信号分析[CHE 06,SAI 95]。它是信号探索系列方法之一，包括多尺度的信号特征，似乎很适用于不同能源产生的信号。本书的研究重点是车辆功率曲线，该信号包含着丰富的信息，有利于从功率分配角度分辨不同的能源。下面介绍实现小波分解所需的几个理论要素。

小波是时间局部化的数学函数 ψ，通过对待分析信号进行转换，可以显示信号所包含的多种尺度信息。它的名字源于其振荡和紧凑的特点，如果数学函数振荡并且具有有限能量和零平均值，那么就可以将其视为小波[MIS 07a]。图 3.5 给出了小波的几个示例。

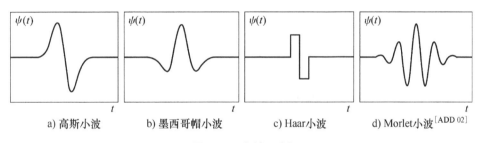

a) 高斯小波　　b) 墨西哥帽小波　　c) Haar小波　　d) Morlet小波[ADD 02]

图 3.5　小波示例

基于这类"母小波"，可以根据关系式［3.3］通过时间平移和扩张（或压缩）来定义小波族 $(\psi_{a,b}(t))_{a,b}$：

$$\psi_{a,b} = \frac{1}{\sqrt{a}} \psi\left(\frac{t-b}{a}\right) \qquad [3.3]$$

其中，b（称为"时间平移因子"）为时间轴；a（称为"尺度变量"）可以进行各种尺度的转换。

图 3.6 位于各个时间位置（b_1，b_2，$\cdots$）及处于各种伸缩状态（a_1，a_2，$\cdots$）的小波。

为了更好地对信号进行分析，最好使用连续小波变换（CWT）。信号 $f(t)$ 的连续小波变换定义为分析函数族 $\psi_{a,b}^{*}(t)$ 与待分析信号 $f(t)$ 乘积的积分。此变换生成一组系数 $C_f(a,b)$，被称为"小波系数"：

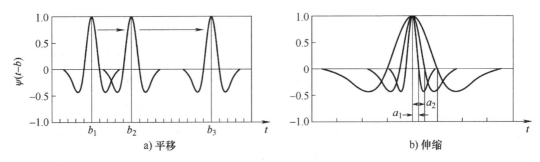

图 3.6　平移和伸缩概念的示意图

$$C_f(a,b) = \int_R f(t)\psi^*_{a,b}(t)\,dt \qquad [3.4]$$

其中 * 表示共轭。与傅立叶分析相比，分析函数不再是"固定"的正弦曲线，而是适用于各种尺度 a 和时间 b 的一组函数 $(\psi_{a,b}(t))_{a,b}$。

由此一来，信号 $f(t)$ 完全由系数 $C_f(a,b)$ 描述。从数学的角度来看，对信号进行连续小波变换相当于将该信号乘以基本函数族并计算该信号与分析小波方程 [3.4] 之间的相关程度。在实践中，对于每个尺度变量 a，将小波从时间轴的起点沿待分析的量进行移动（通过更改平移变量 b），以便计算两者之间的一系列相关性。a 的值不同，小波形式不同；b 的值不同，小波位置不同。这些相关结果对应于每个尺度和每个平移量的一组小波系数 $C_f(a,b)$。随着小波形状接近待分析信号的形状，小波系数变得更大。

图 3.7 分别通过两个尺度因子 a_1、a_2 和两个平移因子 b_1、b_2 阐释了小波变换过程。参数 b 指示"窗"的时间位置，尺度因子 a 给出频率分辨率。尺度因子 a 可以看作地图比例尺：如果 a 小，则频率分辨率差（时间分辨率好）；如果 a 大，则相反。

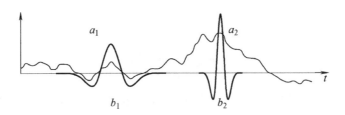

图 3.7　连续变换成小波

由于 a 和 b 的连续变化，CWT 包含了很多冗余信息，增加了计算时间。离散小波通过使用离散的尺度和平移值（式 [3.5]）消除了这种冗余，被称为"小波分解"：

$$a = a_0^j, \ a_0 > 1$$
$$b = k \cdot b_0 a_0^j b_0 > 0, \ \text{其中} j \text{和} k \text{是整数} \qquad [3.5]$$

在许多应用中[MIS 07a]，b_0 和 a_0 的值分别限制为 1 和 2，此分解被称为二维小波分解，其原理是通过平移和伸缩来构建小波 ψ，从而生成正交基 $L^2(R)$（平方可积或能量有限函数空间）[MAL 09]：

$$\psi_{j,k}(t) = \frac{1}{\sqrt{2^j}}\psi\left(\frac{t-2^jk}{2^j}\right), (j,k) \in \mathbf{Z}^2 \qquad [3.6]$$

如果满足以下条件，则可以验证正交性（仅适用于离散小波）：

$$\int_R \psi_{j,k}(t)\psi_{m,n}^*(t)\,\mathrm{d}t = \begin{cases} 1, j = m k = n \\ 0, j \neq m k \neq n \end{cases} \qquad [3.7]$$

也就是说，对于正交小波，每一个小波与同一小波以 2 为基分解得到的其他小波之间的乘积等于 0。具体而言，这意味着它们是互相独立的，并且包含互斥信息。依靠此正交小波基，分解后的信号 $f(t)$ 可以按以下方式重构，而不会造成信息损失：

$$f(t) = \sum_{j \in \mathbf{Z}} \sum_{k \in \mathbf{Z}} C_{j,k}\psi_{j,k}(t) \qquad [3.8]$$

其中，$C_{j,k}$ 是"直接"分解得到的小波系数。在离散变换的情况下，该公式对应于"逆小波变换"。离散二维正交小波与尺度函数 ϕ 有关，该函数与小波族定义相似，具体如下：

$$\phi_{j,k}(t) = \frac{1}{\sqrt{2^j}}\phi\left(\frac{t-2^jk}{2^j}\right), (j,k) \in \mathbf{Z}^2$$

$$\int_{-\infty}^{+\infty}\phi_{0,0}(t)\,\mathrm{d}t = 1 \qquad [3.9]$$

该函数族被用于产生信号的"近似系数"（信号"平滑"或"局部平均"）。我们注意到，由小波应用方程式［3.6］产生的这些系数为"细节"系数。

从纯粹的信号处理角度来看，只有两种类型的函数：待分析信号函数和用于分析或过滤这些信号的函数。此外，信号的连续小波变换可以看作是该信号通过"滤波器"通道：在给定的分辨率下，低通滤波器（h，与尺度函数相关）给出近似信号，而高通滤波器（g，与小波相关）给出细节信号。这两个滤波器是互补的：其中一个滤波器所截断的频率由另一个恢复。这说明高频和低频的概念与给定的尺度有关，在某一给定尺度下被划定为高频率的信号，在另一尺度下也可能被划定为低频率信号。这项基于信号窗的大小实现滤波的技术是信号处理领域的典型实践，Mallat 在提出小波分解与滤波之间存在联系时依靠的就是该技术[MAL 09]。这种组合用于实现基于滤波的快速正交小波变换。由于采用了这种不同的方法，小波变换可以很容易地使用，见式［3.6］[YOU 09c]。

下一小节将介绍方法的实际应用。

3.3.1.2 小波变换在混合动力汽车能源管理中的应用[IBR 13]

本节的重点是小波变换法在 ECCE 车辆上的应用。各种可能的能源组合都有被考虑到，目的是为了延长燃料电池和蓄电池的使用寿命。实际上，类似于燃料电池，蓄电池也会因大电流动态响应而产生性能衰减。因此，建议添加超级电容器，作为燃料电池和蓄电池的辅助设备，以覆盖电流（或功率）需求的高频部分。

本节使用小波变换法将车辆的功率曲线分解为近似信号（低频）和细节信号（高频）。这需要将小波变换参数化，更具体地选择母小波的分解层数。

（1）母小波的选择

母小波的选择取决于不同的标准和所考虑的应用，该选择直接影响瞬态信号的分析。根据文献［GAO 11，ISA 12，SAL 05，YAN 07］来看，Haar 小波似乎是最合适的。实际上，其简单的数学式减少了在线能量管理时的计算时间。此外，使用 Haar 小波对信号的分解会在恒定的时间间隔中产生恒定值，这对低频信号来说很适用。

（2）分解层数

基于能量产生和存储方面的先验知识和实践经验，可以直接通过各能源功率曲线的频率范围而无须改变其运行状态来识别不同能源，从而最大限度地减少各能源的性能衰减。根据各能源的频率范围，可以对信号的分解层数进行初步估计。根据文献［AGB 11，AKL 08，BOU 09］，燃料电池、蓄电池和超级电容器的频率范围如下：

1）燃料电池：$10^{-4} \sim 10^{-2}$Hz。

2）蓄电池：$10^{-2} \sim 10^{2}$Hz。

3）超级电容器：$10^{-2} \sim 10^{6}$Hz。

因此，非常明显地应该将低频信号分配给燃料电池和蓄电池，将高频信号分配给超级电容器。在小波分解中，近似信号始终包含低频。换句话说，它包含的频率小于或等于某一特定的频率 f_c。

以采样频率为 f_s、分解层数为 n 的数字信号 S 为例，得到如下关系：

$$f_c = \frac{Nf}{2^n} = \frac{f_s}{2^{n+1}} \qquad [3.10]$$

其中，Nf 是奈奎斯特频率，等于 $f_s/2$［DOU 05，WAD 10，WIL 08］。近似信号 A 包含频率：$[0, f_c] = \left[0, \dfrac{f_s}{2^{n+1}}\right]$，细节信号 D 包含频率：$\left[\dfrac{f_s}{2^{n+1}}, \dfrac{f_s}{2^n}\right]$。

由式［3.10］，分解层数 n 为：

$$n = \left\lceil \frac{\log \dfrac{f_s}{f_c}}{\log 2} \right\rceil - 1 \qquad [3.11]$$

　　下面分别给出应用于 ECCE 车辆的小波变换，考虑了带有不同参数（取决于所用能源）的多种能源组合。本节主要介绍两种组合：第一个是燃料电池与超级电容器的组合；第二个是燃料电池、超级电容器和蓄电池的组合。

　　（1）燃料电池/超级电容器混合动力的相关结果

　　本节已经给出了燃料电池和超级电容器最佳运行状态的频率范围。除了超级电容器的高频信号外，信号中的负功率值对应于需要吸收的制动能量。实际上，燃料电池是单向发电机，超级电容器可用于吸收制动能量。

　　对于小波变换的数值应用，第一步是设置燃料电池的最佳截止频率值。此处取截止频率 $f_c = 0.01\mathrm{Hz}$，采样频率设置为 $f_s = 100\mathrm{Hz}$，由式 [3.11]，可知分解层数 $n = 12$。

　　如图 3.8 所示，通过 12 级分解产生近似信号 $A12(n)$。正值部分构成功率曲线中由燃料电池（P_{FC}）提供的部分。由小波变换获得得到的细节信号（$D1(n),\cdots,D12(n)$）和与 $A12(n)$ 的负值部分之和被重新组合成功率曲线中由超级电容器（P_{UC}）提供的部分。各功率曲线由以下关系式定义：

$$P_{PAC} = A12(n), \quad A12(n) \geqslant 0$$
$$P_{PAC} = 0, \qquad A12(n) < 0 \tag{3.12}$$

$$P_{SC} = D1(n) + \cdots + D12(n), \qquad A12(n) \geqslant 0$$
$$P_{SC} = D1(n) + \cdots + D12(n) + A12(n), \quad A12(n) < 0 \tag{3.13}$$

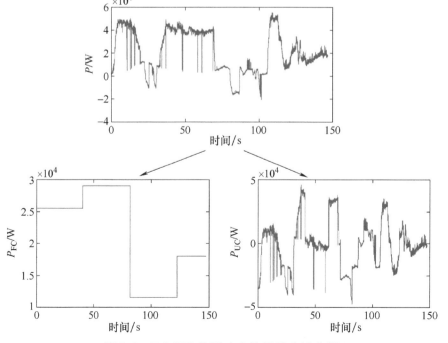

图 3.8　FC/UC 构型功率信号的小波分解

（2）燃料电池/超级电容器/蓄电池混合动力的相关结果

对于这种架构应考虑两个频率，即蓄电池的频率和燃料电池的频率。上文已将燃料电池的截止频率设置为 $f_{c1} = 0.01\mathrm{Hz}$（对应于分解层数为 12）。蓄电池的截止频率为 $f_{c2} = 5\mathrm{Hz}$，对应的分解层数为 3。

对于截止频率为 $f_{c1} = 0.01\mathrm{Hz}$ 的燃料电池，其合适的分解层数为 $n = 12$。在消除负值部分后，近似信号 A12 被分配给燃料电池。对于频率为 $f_{c2} = 5\mathrm{Hz}$ 的蓄电池，其合适的分解层数为 3。功率根据以下关系进行分配（见图 3.9）：

$$P_{PAC} = A12(n), \quad A12(n) \geqslant 0$$
$$P_{PAC} = 0, \qquad A12(n) < 0 \tag{3.14}$$

$$P_{\mathrm{Batteries}} = D1(n) + D2(n) + D3(n), \qquad\qquad A12(n) \geqslant 0$$
$$P_{\mathrm{Batteries}} = D1(n) + D2(n) + D3(n) + A12(n), \quad A12(n) < 0 \tag{3.15}$$

$$P_{SC} = D4(n) + \cdots + D12(n) \tag{3.16}$$

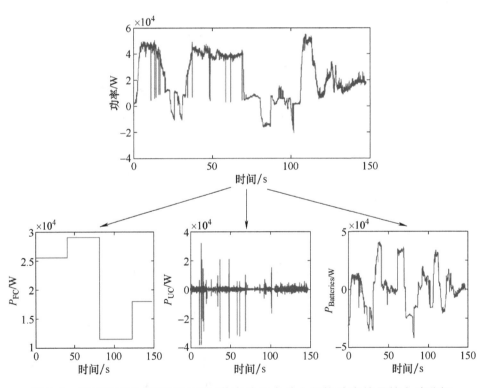

图 3.9 对燃料电池/超级电容器/蓄电池混合动力架构功率信号的小波分解

本小节中，将小波变换法应用于事先已知的功率需求（工况曲线）信号，这在在线能量管理中是行不通的，因为现实应用中无法预知该工况曲线。因此，在不能预知行驶工况的情况下，如何在能量在线管理中使用小波变换，是一个待解决的问题。

在每个分解层中使用 Haar 小波低通和高通滤波器，数据量将减少一半。考虑到本节使用的参数，对于截止频率为 $f_{c2} = 5\text{Hz}$ 的蓄电池，需要 3 个分解层，这涉及信号近似系数的每个点，有必要知道初始信号的 $2^3 = 8$ 个点。

因此，需要一种预测算法来实现能量的合理分配。在接下来的两小节中，将对在线能量管理预测进行详细介绍，主要使用的数学方法是自回归差分移动平均（ARIMA）模型和非线性自回归神经网络（NARNN）。

3.3.2　ARIMA 模型在能量管理中的应用

如前一节所述，当利用小波变换法分配混合动力汽车功率时，必须对待研究信号进行时间预测。包括矢量自回归模型、状态空间模型、概率模型或神经网络模型在内的许多模型都可以进行时间序列预测，但这些模型（神经网络模型除外）都不适用于混合动力汽车，因为它们通常需要大量的计算时间[IBR 13]。

自回归差分移动平均（ARIMA）模型是本节研究重点，它是可靠的数学模型，且公式很简单。此外，它的计算时间短，能够对短时间序列（≥50 点）进行建模，并且对单一点的预测仅取决于序列本身的过去值，而不依靠外部数据。该方法已经在以电力和能源系统为中心的应用中进行了实践检验。实际上，在文献［ISM 05］中，季节性自回归差分移动平均模型（SARIMA）已被用于评估马来西亚的发电量，在文献［KOS 08］中，被用于估算能源系统中的低频机电模式，在文献［CHU 13］中被用于分析电力消耗。这些参考文献的研究结果表明该方法预测误差较小，这证明了其在此类用途中的鲁棒性。

对于蓄电池，ARIMA 模型在文献［KAZ 03］中对蓄电池健康状态和充电状态的预测误差约为 5%，在文献［SAH 09］中，32 周时长内对电池寿命的预测误差比也较小。

下面简要介绍 ARIMA 模型的构建方式，然后给出在线管理算法，最后给出将 ARIMA 模型与小波变换结合所获得的结果。

3.3.2.1　ARIMA 模型的构建

Y_t 是自回归移动平均过程（ARIMA(p,d,q)），经过 d 次差分（时间序列连续值之间的差值）后的数值，可以根据式［3.17］进行计算：

$$Y_t = c + \varphi_1 Y_{t-1} + \varphi_2 Y_{t-2} + \cdots + \varphi_p Y_{t-p} + U_t + \theta_1 U_{t-1} + \theta_2 U_{t-2} + \cdots + \theta_p U_{t-p} \quad [3.17]$$

式中，U_t 是白噪声；φ_i 和 θ_j 为实数。

ARIMA(p,d,q) 模型是 q 阶移动平均模型（MA(q)）与 p 阶自回归模型（AR(p)）

的组合。此外，该模型的默认数据是静态分布的。根据 Box-Jenkins 的方法[MAK 97,SHU 11]，构建 ARIMA 模型需要以下三个步骤：模型识别、模型参数估计、残差检验。

首先，通过最小化 AIC 信息准则（Akaike 信息论准则）进行 ARIMA(p,d,q) 的阶次识别[BOX 08]。通过 AIC 信息准则，可以根据 p 和 q 的不同值对各种模型进行比较，以便调整相同的时间序列，并通过选择参数 d 使之成为固定序列。

其次，用最大似然法估计模型参数 φ_i 和 θ_j。该方法实现简单，目前已被用于估计时间序列模型的系数。

最后，估计模型值与序列观测值之间的残差必须表现为白噪声。此步骤使用混成检验方法，从而能够评价残差间的相关性。

用于定义上述参数集的模型详见 Mona Ibrahim 的论文[IBR 13]，下面仅介绍其研究中最可靠的相关结果。

3.3.2.2 基于 ARIMA 模型的在线管理算法

此方法包括获取部分车辆功率需求信号、设置 ARIMA(p,d,q) 模型以及检测该模型在一定范围内的功率预测能力。预测范围定义了小波变换的最大分解层。如第 3.3.1.2 小节所述，对于分解层 j，每一个近似信号和细节信号的系数都需要 2^j 个初始信号。因此，如果模型可以预测 n 个点的功率需求，且整数 k 满足 $2^k \leq n$，则模型可实现 k 阶的小波分解。

为方便说明，此处以采样频率为 1Hz 的实际功率信号（见图 3.10）为例。为了尽可能真实，仅考虑该信号的前 64 个点。实际上，在车辆启动期间，混合能源系统必须能够提供 64s 的功率和能量。在这段时间内能量管理策略不发挥作用，因此没有必要进行预测。为了获得最佳的预测结果，对信号进行小波去噪，目的是在根据阈值消除了噪声之后，重建给定的信号[MAL 08,MIS 07b]。去噪后获得的信号如图 3.11 所示，其优点是平滑无突变。

接下来使用 ARIMA(p,d,q) 模型对预期范围内的功率需求进行预测。准确的预测需要至少取 50 个点[BOX 08]。为了与小波变换准则保持一致，选择大于 50 的 2 的幂，即 $2^6=64$。

一旦做出了模型选择和预测，就可以应用小波变换分离不同的频率范围，并将其分配给车辆的不同能源。具体预测方法如下：对每 64 个点，使用 ARIMA（3，2，0）模型预测 64 个新点。这种在线算法的优势在于，每次新预测的 64 个点都有对应着真实数据。上述过程在整个工况运行期间滚动更新（见图 3.12a）。预测得到功率需求信号后，通过 6 级小波变换将需求功率在各能源所对应的频率范围内进行实时分配。

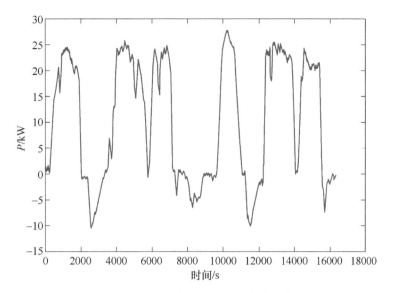

图 3.10 工况（功率）曲线（采样频率 1Hz）

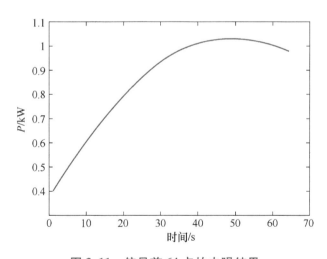

图 3.11 信号前 64 点的去噪结果

在线能量管理算法的实时性需要考虑计算时间。使用 ARIMA 模型的预测时间为 0.8s，比此处设置的采样间隔 1s 要短，误差为 $3W^2$。这些数据说明该算法可以用于实时计算。

图 3.12b 给出了近似信号的结果，该信号的频率在 $10^{-3} \sim 10^2\mathrm{Hz}$ 之间。

因此，根据近似信号中获得的频率范围，可以将功率分配给燃料电池和蓄电池。上文提到过，燃料电池适宜的运行频率范围在 $10^{-4} \sim 10^{-2}\mathrm{Hz}$ 之间，而蓄电池的频率范围在 $10^{-2} \sim 10^2\mathrm{Hz}$ 之间。这意味着代表高频功率的细节信号会分配给超级电容器。

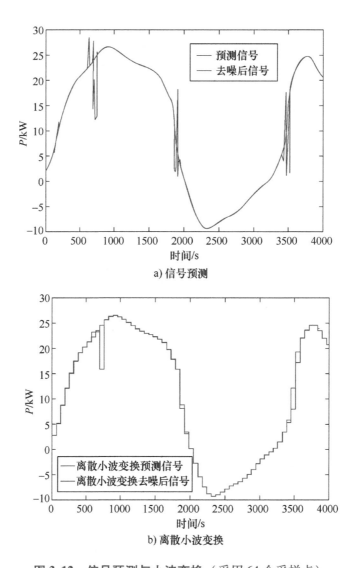

a) 信号预测

b) 离散小波变换

图 3.12　信号预测与小波变换（采用 64 个采样点）

本研究中使用小波变换的主要目的是延长燃料电池及其他附件的使用寿命，但目前好像还未对达成这一目的而开展任何研究或采取任何措施。然而实际上，考虑到燃料电池在最佳频率范围内运行，可以得出结论：其性能退化并不是由于工况曲线带来的动态变化引起的。因此可以说，小波变换方法能够增加各个附件尤其是燃料电池的使用寿命。

此外，执行该算法的各个部分（小波去噪、ARIMA 预测和小波变换）所需的计算时间（0.9s）小于采样时间（1s），这也开辟了使用该算法进行在线能源管理的新途径。

3.3.3　NARNN 在能量管理中的应用

前面介绍的 ARIMA 模型是线性模型。尽管要建模的时间序列是非线性的，但得到的结果是一致的。为了使能源管理更高效，考虑采用神经网络，重点研究非线性自回归神经网络（NARNN）。文献［LAP 87］指出，时间序列可以用非线性自回归（NAR）模型进行建模，如式［3.18］所示：

$$y(t) = h(y(t-1), y(t-2), \cdots, y(t-p)) + \varepsilon(t) \qquad [3.18]$$

非线性自回归神经网络（NARNN）是具有内输入的离散非线性自回归模型，其表达式为：

$$\hat{y}(t) = h(y(t-1), y(t-2), \cdots, y(t-p)) + \varepsilon(t) \qquad [3.19]$$

这是一个循环动态多层网络，如图 3.13[ALL 11]所示。

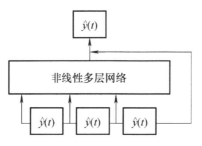

图 3.13　递归 NARNN 的结构

在这种结构中，通过梯度下降法来训练模型。NARNN 方法已在研究中得到实际使用，因为其可以解决长期依赖的问题，其他经典的递归神经网络（Elman，Jordan，Hopfield 等）则无法办到。文献［BEN 94，LIN 96］指出，无法采用包含长期信息的数据库训练模型。因此，NARNN 方法通常用于时间序列的建模和预测。

NARNN 参数化

此处重提基于 ARIMA 的能量管理算法。为了将其与基于 NARNN 的能量管理算法进行比较，需要使用相同的输入数据进行预测，即采用降噪信号的前 64 个点（见图 3.11）。而为了预测数据，需要对 NARNN 进行参数化。

式［3.19］的点集 $(y(t-1), y(t-2), \cdots, y(t-p))$ 构成了时间窗口。选择 p 的方法之一是遍历自相关函数（PACF），它表示当中间值 $y(t-k+1) \cdots y(t-1)$ 的影响被消除时，$y(t)$ 与 $y(t-k)$ 之间的联系，其中 $k = 1, \cdots, p$。此方法可以设置 $p = 3$。因此，NARNN 的输入数量为 4［IBR 13，IBR 15a，IBR 15b］，即 $(y_t, y_{t-1}, y_{t-2}, y_{t-3})$。

在所有需要参数化的元素中，隐藏层的层数和每层的神经元数量是神经网络性能的主要影响因素。为了定义这些参数，通过对若干种体系结构进行测试，其中一种结构成为在训练时间和均方误差（MSE）之间的最佳折中选择。该结构涉及一个具有 10 个神经元的隐藏层。为了测试该架构，使用采样频率为 10Hz 的信号（见图 3.14）。可以看到，该算法在前 10 个点之后开始发散，预测不再正确。

通过对 NARNN 和 ARIMA 进行初步比较，结果表明：与用 NARNN 得到的结果相比，使用 ARIMA 模型可以在更大的范围内进行预测。但是，NARNN 的执行速度更快，这有利于实时预测。实际上 NARNN 对于短期预测是足够好的一种工具。

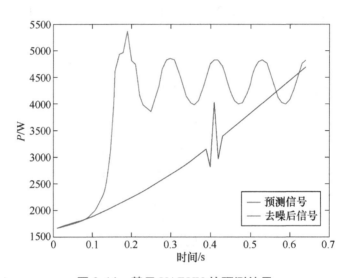

图 3.14　基于 NARNN 的预测结果

ARIMA 和 NARNN 模型已在相同的训练基础（去噪信号的前 64 个点）上进行了参数化以实现预测。为了改善所获得的结果，对每个预测区间之后参数化的自适应模型进行检验是十分重要的。实际上，由于有了新的可用数据，就有可能获得一组新参数，从而可以进行更精确的预测。这部分内容将在下一小节进行重点阐述。

3.3.4　自适应 NARNN 和自适应 ARIMA 的比较

3.3.4.1　自适应 NARNN

本小节使用相同的时间序列测试自适应 NARNN。在第一个预测范围 h 内完成预测后，将使用新的真实信号来训练该模型，以修正参数。换句话说，此处采用了滑动窗。10Hz 信号的预测结果如图 3.15 所示。这里的预测范围设置为 20 个点，计算误差为 $3 \times 10^{-5} W^2$。可见，由此产生的小波变换可以获得足够准确的近似信号，并发送给燃料电池系统（见图 3.16）。

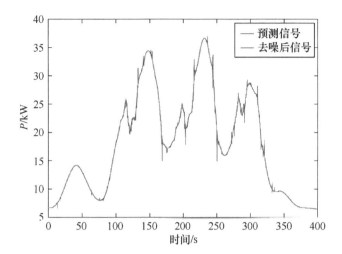

图 3.15　自适应 NARNN（10Hz 信号）的预测结果

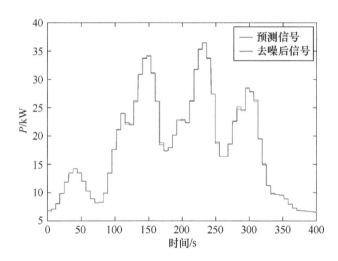

图 3.16　通过离散小波变换获得的近似信号（NARNN-10Hz 信号）

3.3.4.2　自适应 ARIMA

与自适应 NARNN 相似，ARIMA（p，d，q）模型在每个预测范围后都会重新评估。现在的预测范围仍是 64 个点，图 3.17 为一个 10Hz 采样信号的预测结果，图 3.18 为小波变换的结果，预测信号的误差为 $7 \times 10^{-5} W^2$。

自适应 ARIMA 模型的误差非常小。相比于自适应 NARNN 模型，它的预测范围更大（64 个点与 20 个点相比）。此外，对于采样频率不大于 1Hz 的信号，其执行时间小于 1s，这使得它可以被用于实时工况。

总之，自适应模型提供了更好的预测结果。它们只需要很少的训练点（NARNN 需

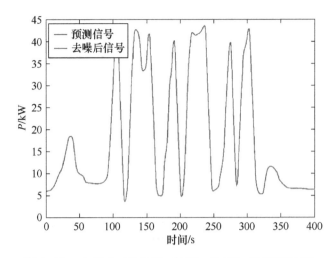

图 3.17　自适应 ARIMA（10Hz 信号）的预测结果

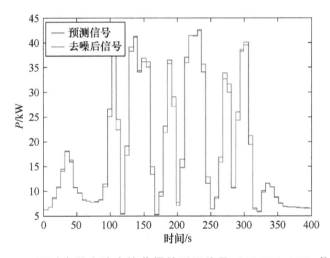

图 3.18　通过离散小波变换获得的近似信号（ARIMA-10Hz 信号）

要 20 个训练点，ARIMA 需要 64 个训练点）就能为整个信号提供可靠的预测。自适应模型的计算时间要比非自适应模型的计算时间长，但对于在线能源管理仍然是可以接受的。自适应 ARIMA 模型表现出比 NARNN 更好的性能，特别是在预测的误差方面[IBR 16]。

本节研究了燃料电池混合动力汽车的多种在线能量管理策略。由于汽车的行驶工况不是事先已知的，因此使用的方法需要采用预测模型。

对于其他运输应用，有些工况是已知的，例如铁路。已知工况信息时，就不需要再进行预测了，在这种情况下，重要的是优化混合动力运载工具上的能量流。下一节将主要研究混合动力机车的应用。

3.4 其他混合动力发动机技术

混合动力系统中的功率分配可以离线或者在线进行，这取决于具体应用以及工况是否已预知。例如，在铁路货物运输中，可以预先知道工况。在 JérômeBaert（由 FEMTO-ST 研究所和阿尔斯通交通运输公司合作）的论文[BAE 13a]中，开发了一种用于混合动力机车的能量管理系统。这项研究的重点是开发混合动力驱动系统的宏观模型，并提出一种包含软硬件传感器标识的指令结构，以实现对驱动系统的最佳控制。基于实验得到的储能装置特性，可实现对相应模型的行为改进和动态优化[FER 13]。通过采用 2 型模糊控制逻辑，开发了新型的混合动力机车能量流管理方法。该研究结果表明，按照阿尔斯通交通运输公司制定的规则，能源消耗大大降低，新的能量管理策略具有明显的高效率。

本节将首先介绍待研究的混合动力系统，然后介绍与基于 1 型和 2 型模糊控制器的能量管理有关的几个概念，最后给出获得的策略和结果。

3.4.1 系统的拓扑结构及模型

法国当地的货运机车通常采用有噪声又有污染的柴油机车。为了减少污染排放，阿尔斯通交通运输公司提出了一种解决方案，目标是将传统柴油机驱动系统与更环保的电池/超级电容器系统结合起来（见图 3.19）。这一方案中的发电机具有两个功能：一是给电池和超级电容器充电，二是为机车的加速阶段提供额外的能量。这也证明了柴油发动机通常在低负荷工况下运行，以此为基础，再辅以蓄电池和超级电容器构成混合动力源，可以承受更大的负载，同时也会提高效率。图 3.20[BAE 13b]给出了这类混合动力机车系统的拓扑结构。该系统由以下几部分组成：

图 3.19　混合动力机车

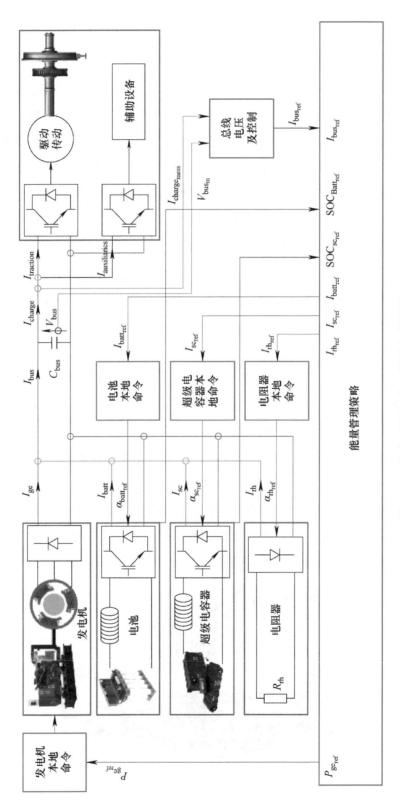

图 3.20 混合动力机车系统的拓扑结构

（1）超级电容器

这种可逆电源可以迅速地提供和吸收大量能量，因其内阻低、电压低，是一种高效的可快速充电/放电元件。

（2）电化学蓄能器（蓄电池）

它用于存储电能以备后用。通过电极上的电化学反应，使得电能可逆地转化为化学能。它能储存大量的能量，可满足系统较慢的动力需求。

（3）发电机[BAE 12a]：

它是机车的主要能量来源，可以发电。大多数发电机系统都包含有一台内燃机，功率更大的发电机则由燃气轮机或大功率柴油机驱动。运载工具的续航能力仅受其燃油箱尺寸的限制，但燃油箱不能实现能量回收，因而可将其与电化学蓄电器组合使用，从而满足机车运行中对较慢动力的需求。

（4）制动电阻器

当能量供应系统不适合进行制动能量回收时，制动电阻器被非常广泛地用于驱动系统中。制动电阻器主要有自然对流式电阻器和压入通风式电阻器两种类型。换句话说，制动电阻器可在需要时耗散多余的能量。

（5）中性母线电容器

这是一种让机车上所有电源和器件达到同一个"母线"电压的电容器。

应用上述系统的难点是需要根据现有能源的物理状态，来管理其与混合动力机车能源之间的功率交换。因此，需要定义并制定能量管理策略。

但是，在制定此策略之前，需要对每个元器件进行动态建模，并对局部控制结构进行详尽研究。为此，本节采用一种能量宏观表征方法（EMR），这是一种对复杂多物理系统的综合表征。这种基于累积因果关系的形式，能够观察各子系统之间的功率交换。此外，当确定软硬件传感器位置时，模型反演（基于累积因果关系）有助于顺利地定义最大的和/或实际的指令结构（MCS 和/或 PCS）。混合动力机车的 EMR 如图 3.21 所示。

这些 EMR、MCS 和 PCS 等模型不在此展开作详细说明，有兴趣的读者可以参考文献［BAE 14］。

代表策略模块（深蓝色）的能量管理如图 3.21 所示。显然，能量管理可理解为由车载能源提供或回收功率，用以满足行驶工况需求。此外，能量管理还需考虑能源特性（SOC、可逆性、动态特性等）和系统状态，同时要确保母线电压的稳定性。本节给出了一种基于模糊控制器的能量管理策略，并通过遗传算法对参数进行优化。下面几节将重点介绍 JérômeBaert 论文[BAE 13a]中开发的能量管理策略。

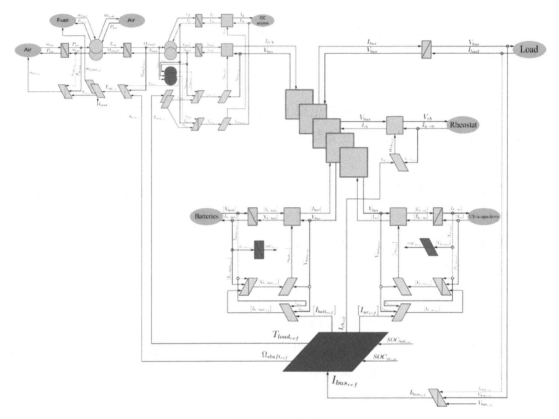

图 3.21　混合动力机车的 EMR 结构（可参考原图 www. iste. co. uk/jemei/cells. zip）

3.4.2　能量管理策略

混合动力汽车上的一组能源按照行驶工况需要提供动力，同时为辅助设备供能。如图 3.20 所示，系统功耗包括辅助设备功耗（照明、加热等，用 $P_{auxiliaries}$ 表示）和驱动所需的功耗（$P_{traction}$）。具体工况运行所需要的总功耗（$P_{mission}$）由式［3.20］定义：

$$P_{mission} = P_{auxiliaries} + P_{traction} \qquad [3.20]$$

系统所需的功率由主能源（即发电机 $P_{generator}$）和辅助电源（电化学蓄电池 $P_{batteries}$ 和超级电容器 P_{UC}）提供，即式［3.21］：

$$P_{mission} = P_{generator} + P_{batteries} + P_{UC} + P_{rheostat} \qquad [3.21]$$

在式［3.21］中，电阻器功耗 $P_{rheostat}$ 也被列入等式，且作为需要被消耗的功率富余量。能量管理策略是一种以最佳方式控制混合动力机车功率分配的算法，可根据机车的加速度和速度定义蓄电池和超级电容器的荷电状态参考值（式［3.22］和式［3.23］）[BAE 12b]：

$$SOC_{Batt_{ref}} = SOC_{Batt_{max}} - \left| \frac{\dot{v}_{veh}}{\dot{v}_{max}} \right| (SOC_{Batt_{max}} - SOC_{Batt_{min}}) \qquad [3.22]$$

$$SOC_{SCAP_{ref}} = SOC_{SCAP_{max}} - \left| \frac{v_{veh}}{v_{max}} \right| (SOC_{SCAP_{max}} - SOC_{SCAP_{min}}) \qquad [3.23]$$

式中，$SOC_{x_{ref}}$ 是参考荷电状态，其中（x 代表电池 Batt 或者超级电容器 UC）；$SOC_{x_{max}}$ 和 $SOC_{x_{min}}$ 分别是允许的最大和最小荷电状态；v_{veh} 是行驶速度；v_{max} 是最大速度；$\dot{v}_{veh}$ 是加速度；$\dot{v}_{max}$ 是最大加速度。通过调节行驶加速度，可使蓄电池参考荷电状态尽可能提高。此外，使用两个限制因子来避免超出最小和最大荷电状态。将工况功率通过低通滤波器分为高频和低频（高频功率由超级电容器提供，而低频功率则由蓄电池和发电机提供），以延长蓄电池的使用寿命并减轻发电机的动态调节压力。

该能量管理策略采用了模糊逻辑的方法，属于在线管理策略。这类算法可实时运行，但解决方案不一定是最优的，其原则是考虑系统的整体情况进行优化，忽略某些约束以简化优化过程。与离线算法不同，在线算法不需要预先知道行驶工况。此类方法还包括神经网络、预测控制和小波变换方法等。本节使用模糊逻辑方法，工况是预先未知的，且真实的行驶工况由速度、加速度、荷电状态和功率需求等信号来反映。

采用的模糊控制器（见图 3.22）有两个输入量和一个输出量[SOL 12a]。第一个输入量 dP 对应于行驶工况所需功率与同一时刻发电机输出功率的差值，并将该差值除以所需的最大功率进行归一化处理，即式 [3.24]。该输入量表示为运载工具提供主要能量：

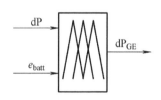

图 3.22 模糊控制器的结构

$$dP = \frac{P_{mission} - P_{GE_{mes}}}{P_{mission_{max}}} \qquad [3.24]$$

第二个输入量 e_{batt} 是电池的预估荷电状态与式 [3.22] 给出的参考荷电状态之间的差值，表示保持电池的荷电状态。模糊控制器的输出 dP_{GE} 是发电机功率的相对变化量。因此，它能够使供给系统的功率按需变化。为了具有普遍性，将控制器的输入和输出量在 [-1, +1] 之间进行归一化处理。使用的隶属函数是三角形或梯形，对应每个输入/输出的隶属函数数量为 7，进而控制规则表（见表 3.1）总计可给出 49 条规则。

表 3.1 控制规则表

dP	e_{batt}						
	NH	**NM**	**NL**	**Z**	**PL**	**PM**	**PH**
NH	NH	NH	NH	NM	NM	NL	Z
NM	NH	NH	NM	NM	NL	Z	PL

（续）

dP	e_{batt}						
	NH	**NM**	**NL**	**Z**	**PL**	**PM**	**PH**
NL	NH	NM	NM	NL	Z	PL	PM
Z	NM	NM	NL	Z	PL	PM	PM
PL	NM	PN	Z	PL	PM	PM	PH
PM	PN	Z	PP	PM	PM	PH	PH
PH	Z	PL	PM	PM	PH	PH	PH

注：NH 表示负高，NM 表示负中，NL 表示负低，Z 表示零，PL 表示正低，PM 表示正中，PH 表示正高。

示例：如果 dP 为 PH 且 e_{batt} 为 PH，则 dP_{GE} 为 PH。如果发电机提供的功率远低于工况所需的功率且必须对电池进行"深度"充电，则发电机提供的功率将显著增加。

3.4.3 二型模糊逻辑与模糊控制器的优化

作者团队的 Javier Solano[SOL 11,SOL 12a,SOL 12b] 开展了很多非常具有结论性的工作，目前已开发出基于二型模糊逻辑的能量管理策略，并在 14t 军用车辆（ECCE）上进行了实时应用。因此，作者团队决定继续使用模糊逻辑进行研究。

3.4.3.1 二型模糊逻辑

二型模糊逻辑集的概念如文献 [JOH 07，ZAD 65] 所述，它是对普通模糊集（即一型模糊集）概念的扩展。二型模糊集的特征在于模糊隶属函数，该集合中元素隶属函数值的取值范围为区间 [0，1]。一型模糊逻辑用于处理那些难以或无法用 0 或者 1 去描述元素与集合隶属关系的情况（见图 3.23），二型模糊逻辑用于处理那些难以用区间 [0，1] 内的实数描述模糊隶属函数的情况（见图 3.24）[WAG 10]。

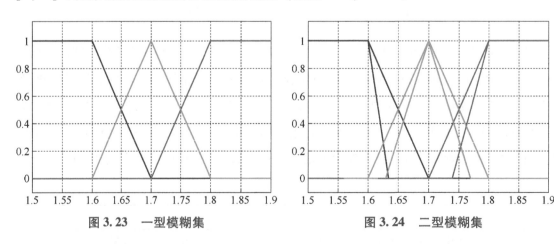

图 3.23　一型模糊集　　　　　　图 3.24　二型模糊集

接下来需要确定各个隶属函数的参数。图 3.22 所示的控制器具有两个输入和一个输出，每个输入、输出与七个隶属函数关联（见表 3.1）。因此，需要对 21 个隶属函数进行参数化。为实现这一目标，需使用遗传算法来优化这些隶属函数的位置。

3.4.3.2 遗传算法

模糊控制器的参数由遗传算法确定[CHA 07]，该算法的灵感来自物种在自然环境中的进化。物种进化适应生存环境，每个物种进行个体繁殖并产生新的个体，其中一些经历了 DNA 的改进，而另一些则被淘汰。遗传算法复制了此自然进化模型，来解决给定问题。因此，遗传算法中所使用的术语借鉴了生物学和遗传学的相关术语。在当前案例中，一个种群即是一组个体（待优化的隶属函数参数集），一个个体即是给定问题的一个方案。本案例中给定的问题是发电机使用的最小化。基因是方案的一部分，也就是个体的一部分。一代指的是算法的一次迭代。遗传算法以改进个体为目标来驱动种群的进化，在每一代中，都会有一组个体脱颖而出。所开发算法的各阶段如下（见图 3.25）。

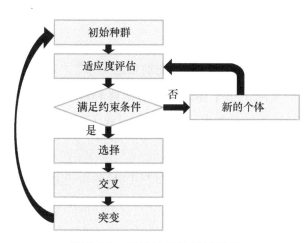

图 3.25　开发的遗传算法结构

（1）随机生成一组染色体或个体

对于每一个染色体或个体，合成对应的模糊控制器，并计算每个控制器的适应度函数值。适应度函数应当被合适地确定，因为它被用于评估每个个体在给定问题上的表现。在本案例中，适应度函数与混合动力汽车实现最少燃油消耗、提高其续航里程并减少污染物排放直接相关。因此，适应度函数使主能源（发电机）的使用尽可能地少，并最大限度地使用了辅助能源（电池和超级电容器），如式［3.25］所示。

$$\max\left(\int_0^{t_{\text{mission}}} |P_{\text{Batt}}(t)| \mathrm{d}t\right) + \max\left(\int_0^{t_{\text{mission}}} |P_{\text{SCAP}}(t)| \mathrm{d}t\right) + \min\left(\int_0^{t_{\text{mission}}} P_{\text{GE}}(t)\mathrm{d}t\right) \quad [3.25]$$

（2）约束检验阶段

该阶段需要验证蓄电池和超级电容器是否在行驶工况结束之前是充满电的。如果是，算法将进入下一阶段，否则，相应的个体会被淘汰，并合成一个新个体，然后对该新个体进行测试。该阶段使用的精度为 0.1%，这意味着，如果在行驶工况结束时电池的 SOC 低于 89.9%（能量管理策略给定的最大值为 90%），那么该个体就没有通过检验。也可以对个体进行惩罚，具体取决于行驶工况结束时的最终荷电状态。但是，这样的惩罚会使在适应度函数水平上所获的结果的变差。适应度函数的目的是最大限度地减少发电机的使用，否则蓄电池只能由发电机充电（见图 3.30）。惩罚电池的"不当充电"等同于惩罚发电机的"恰当使用"。

（3）选择阶段

在每一轮使用带有偏向性的方法，随机地从初始种群中选择两个染色体或个体，并比较其各自的适应度函数值，选择值更高的那一个，淘汰另一个。为了维持和促进个体的多样性，选择是有倾向性的。选择阶段的结果仍然是一个种群，即所谓的被选择的种群，其大小是初始种群的一半。

（4）交叉杂交

这一阶段，上述被选择种群的遗传特征被重组[WAG 09]。用数学术语来说，即被选定的个体被两两配对并产生两个子个体。这使得最终种群的大小和初始种群相同。如果 $[a_i, b_i, c_i]$ 和 $[a_j, b_j, c_j]$ 是两个亲本，p 是区间 $[0,1]$ 中的随机变量，则合成的两个子染色体为（式 $[3.26]$ 和式 $[3.27]$）：

$$child_1 = p \times [a_i, b_i, c_i] + (1-p) \times [a_j, b_j, c_j] \qquad [3.26]$$

$$child_2 = p \times [a_j, b_j, c_j] + (1-p) \times [a_i, b_i, c_i] \qquad [3.27]$$

（5）变异阶段

会以极低的概率（0.001~0.01 之间）对个体基因的一个或几个值进行修改。变异将多样性和噪声引入种群本身，确保在无限迭代次数的情况下适应度函数能够达到总体的最大值。

以上阶段结束后产生的种群被保存下来，并作为下一次算法迭代的初始种群。上述过程被不断地重复，以便产生后代个体。

3.4.4 仿真结果

3.4.4.1 遗传算法

图 3.26 ~ 图 3.28 展示了通过遗传算法获得的隶属度函数。对于 21 个隶属度函数（含输入和输出）：两个输入量（图 3.26 中的 dP 和图 3.27 中的 e_{batt}），分别各自需要 35 个参数来定义各自的 7 个隶属度函数（2 个输入量×7 个隶属度函数×每个函数 5 个参

数）；一个输出量（图 3.28 中的 dP$_{GE}$），需要 14 个参数来定义 7 个隶属度函数（1 个输出量×7 个隶属度函数×每个函数 2 个参数）。

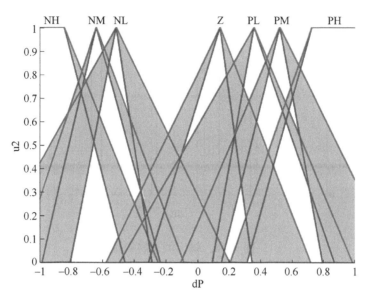

图 3.26 输入 1 的隶属函数

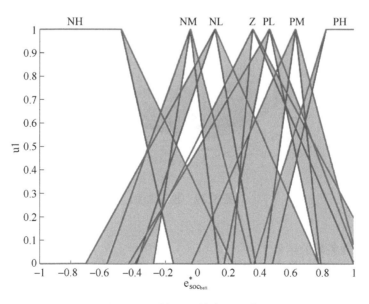

图 3.27 输入 2 的隶属函数

经过这样构造，遗传算法中的个体数量为 84。图 3.29 所示为生成的最优二型模糊控制器。根据两个输入（dP 和 e_{batt}）表示控制器的输出（dP$_{GE}$）。该模糊控制器被应用于研究系统的能量管理策略中并进行测试。

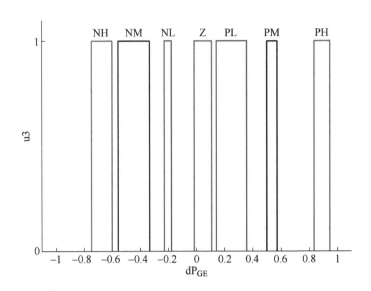

图 3.28　输出的隶属函数

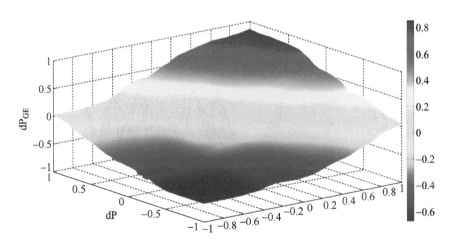

图 3.29　控制曲面

3.4.4.2　能量管理策略的结果

图 3.30 给出了有能源回收或有电阻器耗散的功率演变情况。正功率对应消耗功率，负功率对应回收或耗散的功率。工况曲线（行驶工况的功率需求曲线）也表示在图中。该图显示了由式［3.20］和式［3.21］描述的功率分配情况。图 3.31 是图 3.30 的局部放大视图。从图中可以验证，正如前文所述，超级电容器响应工况曲线的高频分量，而蓄电池和发电机则响应工况曲线的低频分量。类似地，蓄电池可以由发电机充电。

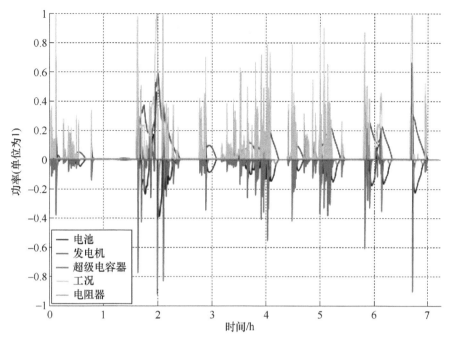

图 3.30 功率的演变

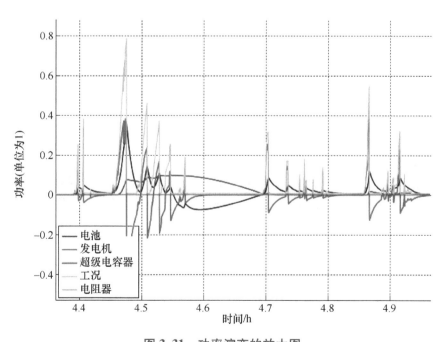

图 3.31 功率演变的放大图

图 3.32 对比展示了蓄电池荷电状态与汽车加速度的演变情况。根据能量管理策略的规定，辅助电源（蓄电池）的荷电状态根据车辆的加速度变化被适当控制在 70% ~

90%。同样，图 3.33 对比展示了超级电容器荷电状态与车辆速度的演变情况。超级电容器的荷电状态根据车辆的速度被适当控制在 50%～100%。

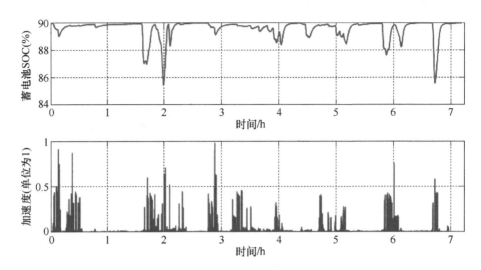

图 3.32　蓄电池 SOC 与混合动力汽车加速度的变化情况

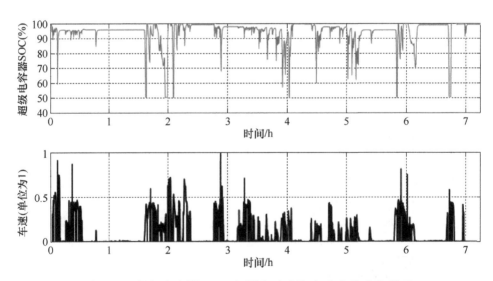

图 3.33　超级电容器 SOC 与混合动力汽车速度的变化情况

图 3.34 表明整个系统具有良好的稳定性。实际上，在整个行驶工况期间，母线电压（施加到各部分的共同电压）保持稳定。该电压的偏离将导致系统完全停机，甚至导致系统性能退化。

如上所示，该能量管理策略是一种高性能、可实时计算、鲁棒性好的自适应策略，不需要提前知道工况曲线，并且考虑了组件和车载电源的物理特性。这些优点归功于二

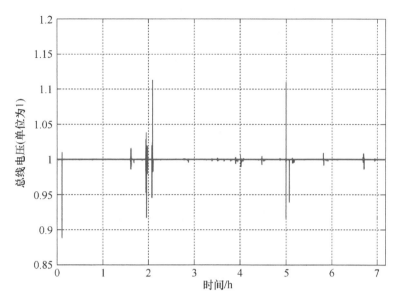

图 3.34　母线电压随时间的变化情况

型模糊控制器的应用,其参数经遗传算法进行了优化。最初的工作目标是成功地应用基于二型模糊控制器的能量管理策略,但是控制器的参数并不是最优的。实际上,参数是通过专家调查后确定的。本节的研究首次提出通过遗传算法优化用于混合动力电动汽车的二型模糊逻辑控制器。这项研究旨在改进遗传算法,更有意义的是能够在该优化问题或者其他待最大化(或最小化)的标准中引入约束和限制。例如,众所周知,电化学蓄电池循环的次数越多,性能退化也就越严重。因此尽可能地减少循环次数能够延长电化学蓄电池的使用寿命,并且降低更换电池的成本。

3.5　本章小结

本章重点介绍了针对不同应用的两种能量管理策略,其中一个依赖于数学工具,而另一个依赖于人工智能工具。

第一种情况:小波变换、自回归差分移动平均 ARIMA 模型或神经网络有助于在线能量管理系统的开发。该类系统可应用于主要由燃料电池系统、蓄电池和超级电容器组成的重度混合动力车辆。所开发的算法,尤其是那些依赖于自适应非线性自回归神经网络(NARNN)的算法,能够仅利用车辆功率需求单变量信号的当前和历史数据,就可以在考虑各种能源频率范围的情况下实现能量分配。也就是说,不同能源之间的功率在线分配,可以在不预先知道工况需求的情况下延长燃料电池和蓄电池的使用寿命。

第二种情况：提出了基于二型模糊逻辑和遗传算法的能量管理策略，以便最小化混合动力汽车的燃料消耗。这种能量管理策略考虑了各种能源的特点和动态性能。通过使用人工智能工具开发的管理策略可限制电池荷电状态，并且有利于延长电池寿命并稳定母线电压维持。

研究表明，不同能源的混合利用可获得更好的性能（使用寿命、可靠性、效率等）。由于蓄电池和超级电容器等能源的可靠性很高，故研究重点应放在燃料电池的使用寿命上。实际上，对于交通运输和固定式应用而言，采用混合动力是十分必要的。为了获得一个高性能的系统，要求系统中能源也得具有相同程度的可靠性。因此，必须着重研究燃料电池发电机的健康状态诊断和预测，这将在第 4 章进行专门讨论。

第 **4** 章
燃料电池发动机的故障诊断和预测

4.1 概述

前面章节重点讨论了燃料电池系统在优化和效率两个方面带来的科学与技术的挑战。然而，第三个值得关注且具有挑战性的基本问题是延长燃料电池的使用寿命。如果燃料电池不能为客户提供持续性服务，就不可能实现大规模应用。延长使用寿命和故障指标可靠性是需要重点研究的问题。对比燃料电池与其他常规能源解决方案时，成本、性能、耐久性是三个基本评估要素。

为了将燃料电池技术引入效率更高的工业应用上，必须延长其使用寿命，增加系统的可靠性。这需要一个有效的控制系统以确保燃料电池在整个生命周期内始终保持其高性能，并检测可能的故障组件。因此，开发诊断方法和工具是很有必要的。燃料电池的诊断可以用于以下情况：

1）发生故障需确定故障的根源，并通知用户。

2）实时检测系统是否偏离正常运行值，并将信息输送给控制系统，从而使系统可以根据原因采取措施自行纠正偏差，并预测非正常运行的持续时间以及对燃料电池和/或系统的性能与寿命的影响。

为了显著延长燃料电池的使用寿命，需要了解如何操作和控制燃料电池，以便在故障发生之前延缓它的性能衰减。为此，预测与健康管理（Prognostics and Health Management，PHM）可以对系统的健康状况进行持续跟踪和评估，预测其剩余使用寿命并决策如何保护系统，使其能够成功完成使用任务。燃料电池系统的预测是一个值得进一步探索的领域，采取相应对策增加燃料电池系统的剩余使用寿命，并确定符合市场期望的质保期。

开发诊断和预测工具的方法有很多。为了找到有效的解决办法，必须先深入了解燃料电池及其系统的衰减机制。

下一小节，第一部分将探讨燃料电池及其系统的衰减机制和可能发生的故障，第二部分将描述应用于燃料电池系统的诊断方法，第三部分将介绍燃料电池系统的预测工具。

4.2 燃料电池及其系统的性能衰减现象

衰减是指物体的损坏、转变或恶化行为，其过程可能会导致系统故障。这些衰减通常是由系统固有结构特性转变而引起的变化过程导致的，对燃料电池的性能会产生不可逆的影响[JOU 15a]。

在燃料电池系统中，燃料电池电堆是核心组件，其对衰减和/或故障反应最为迅速。但是，其辅助系统对燃料电池系统的寿命和可靠性的影响也很大。因此，在工作中，需要关注整个燃料电池系统的状态。

对燃料电池系统中表现出来的衰减机制进行分析和分类非常重要。根据研究对象的不同，可以按多种标准进行分类。例如，可以通过系统级（化学、热、机械等）、构成燃料电池电堆的单个组件（膜、电极、气体扩散层等）或故障类型来研究燃料电池的衰减。

因此，不同因素的组合能够影响这些复杂系统的可靠性，其中一些因素对燃料电池衰减的激发和加速起到主要作用，而其他的一些因素则影响很小。故障的影响范围和严重程度取决于这些因素的性质、大小和持续时间。

接下来几节对燃料电池系统中可能发生的不同故障进行了分类。

4.2.1 可逆衰减与不可逆衰减

根据衰减严重程度，燃料电池系统的衰减机制可分为：

1）可逆衰减，会影响燃料电池系统的性能稳定性。事实证明，对运行状态的及时纠正可以有效地使系统恢复到初始性能状态。这种错误校正策略适用于多种情况，例如错误控制、实验者的失误、准时故障等。

2）不可逆衰减是指，即使在消除故障原因后，燃料电池系统仍无法恢复其初始性能。除了影响性能外，不可逆衰减还会导致材料的物理和结构发生永久性改变。

4.2.2 燃料电池组件的衰减

探讨燃料电池系统辅件中可能发生的衰减情况，首先要分析燃料电池组件固有的衰减，因为燃料电池系统的某些衰减直接与燃料电池的辅件故障相关。

首先来快速了解一下有关燃料电池组件衰减的已有研究成果，详细的研究情况可以在文献［JOU 15a，KOC 12，KUN 06，SAN 15，SCH 08，YOU 09c，TAW 12，WAS 10，WU 08a］中找到。

燃料电池电堆由若干燃料电池单体堆叠而成，单体故障可能会触发整个燃料电池系统的故障。导致电池单体衰减的原因有很多，燃料电池部件及其相应衰减机理如下[JOU 15a]：

（1）双极板的衰减

1）腐蚀影响膜和催化层的耐久性；

2）电阻性表面层的出现导致欧姆电阻的增加；

3）电流密度过高或热循环不足导致板变形或开裂。

（2）气体扩散层（GDL）的衰减

1）疏水性的损失；

2）由于碳腐蚀和机械限制而导致的扩散层结构的改变；

3）孔隙率的损失。

（3）机械或热扰动引起密封垫的衰减会导致明显的泄漏

（4）电极衰减

1）由于催化层或碳载体的性能衰减，会损害电极的活性表面：

① 燃料电池在接近开路电压（OCV）的高压下工作会引起电极微结构衰减；

② 燃料电池频繁进行停止/启动操作会加速碳腐蚀过程；

③ 由于电流动态变化导致的衰减。

2）有害气体 CO、SO_2、H_2S、NO_2、NO 和 NH_3 会导致电极微结构衰减，这些有害气体的进入阻碍了氢氧反应的发生。

（5）膜的衰减

① 由可使得聚合物降解的污染物引起的化学衰减；

② 机械衰减导致膜撕裂；

③ 短路：电子穿过膜。

这些衰减也可以根据其机械、化学或热机理进行分类。

4.2.3 燃料电池的衰减机理

4.2.3.1 机械原因

机械衰减主要发生在膜上。不正确的制造工艺、异物或不正确的操作条件都可能导致膜出现刺穿、撕裂或针孔。这些失效通常被认为是电堆过早故障的主要原因[X12]。

但是，燃料电池的水或热管理不当，也会导致燃料电池的机械性能下降。例如，相对湿度的增加会在膜中产生膨胀压力，进而导致微裂纹的扩散[MEN 11,WAN 11a]。在引发质子交换膜燃料电池显著退化的各种机械过程中，加湿或干燥循环会使膜膨胀或收缩，这会导致膜和密封垫的机械应变。

4.2.3.2 化学原因

化学衰减主要归因于周围空气或燃料中的污染物。大气污染物包括 NO_x、SO_x、CO 和 CO_2，它们通常会导致燃料电池的可逆衰减，并直接参与了组件（双极板和催化剂的碳载体）的腐蚀过程。

相反，某些大气污染物（例如 H_2S 和 SO_x）对燃料的污染会造成不可逆转的性能损失。这种污染会影响电极的动力学性能、电导率和传质，进而影响燃料电池的性能[COL 06,KEL 05]。

4.2.3.3 热原因

当质子交换膜燃料电池运行温度高于最优温度时，质子交换膜可能会变干，从而使其电阻变高；而当质子交换膜燃料电池运行温度低于最优温度时，水可能会在电堆内积聚，对传质的影响增强（水淹），并引起性能下降。

其他现象（如氢不足、短路、氮积累等），也可能会产生局部过热，从而导致膜破裂。

4.2.4 燃料电池系统的故障

在前面的部分中对燃料电池系统可能出现的衰减进行了分类。在燃料电池系统中，燃料电池电堆是核心部件，燃料电池周围的辅件故障也会导致整个系统的性能衰减。图 4.1 显示了燃料电池系统故障的位置，下文将分别介绍这些故障可能造成的后果[SAN 15]。

4.2.4.1 阳极和阴极回路

与阳极和阴极回路有关的故障，通常与阴极和阳极的氢燃料和氧的供应有关。如果使用压缩机（MCG）向阴极供应空气，可能会发生与 MCG 运行速度有关的故障。在这种情况下，燃料电池内会出现空气供应不足的现象。控制命令问题、空气或氢气流速设定值不当，或者实际流速值和该设定值有延迟现象也会导致供应不足的情况。在质子交换膜燃料电池（PEMFC）中，当某些燃料电池单体的反应物供应不足时，其单体电压比其他电池单体小，从而导致燃料电池单体的电压不均情况加剧。当反应物供应不足

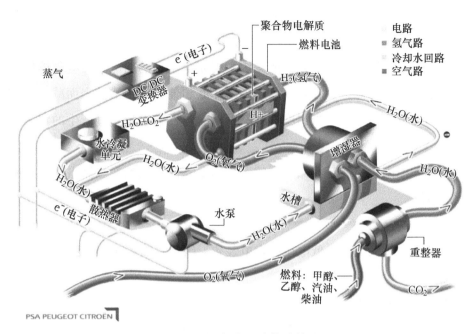

图 4.1 燃料电池系统故障的位置

时，对应的燃料电池单体电压虽然为正，但是比其他电池单体电压低。当反应物供应严重不足、无法维持要求的电流水平时，会导致某些单体电压下降至负值，导致其工作在"电解"模式。这种燃料电池单体的反极现象是电极微结构溶解和聚集以及碳腐蚀的原因，从而导致催化表面的损伤[LIU 06,YOU 09c,TAN 08]。

气体流速对燃料电池的湿度也有显著的影响，它们对于流道和扩散层内的排水起到重要作用。当水过量时，电池中的水蒸气会凝结并阻碍气体在电极、扩散层和气体流道中的传输[YOU 09c]。当反应物的供给速度与消耗速度之间存在差距时，就会发生传质损失。这种差距可以通过低或者高的化学计量比计算。

在第一种情况下，燃料电池中反应气体在每个单体电池中的分布不够均匀。液态水滴可能会堵塞流道或扩散层，会导致燃料电池单体电压的变化。

在第二种情况下，空气中的高化学计量比和没有充分加湿的反应气体，会使燃料电池变得干燥，导致电阻损失增加，限制电解膜内质子的迁移。较高的空气流速有助于更好地将反应气体分布在分配通道中，使催化层中的氧气浓度增加，改善燃料电池的性能。需要注意的是，流速的剧烈变化和突然变化可能引发阴极腔中的压力变化，进而导致电解膜撕裂。

4.2.4.2 冷却回路

冷却液回路对于质子交换膜燃料电池运行至关重要。冷却水流速的降低可能会造成流经通道的流体分布不均匀，从而导致局部过热。燃料电池温度的短暂升高可能会导致活性表面腐蚀并造成局部过热。此外，温度过高可能会导致质子交换膜破裂[KUN 12,LAG 13,MAT 13]。

在高温下，催化层中的膜材料可能无法实现完全水合的功能。反应气体较低的相对湿度和膜中水含量的降低，会导致膜的电导率降低和催化剂的活性表面减少。随着温度的升高，水的蒸发速率增大。当温度达到临界值或蒸发的水量超过产生的水量时，膜会开始变干。

这些故障的原因包括冷却液循环泵的运行速度降低、主副换热器出现问题或者出现控制/命令问题。

4.2.4.3　电路

燃料电池是一种大电流、低电压的发电装置。因此，需要根据负载要求开发专用的功率变换器以进行电压调节。

实际上，电压的大小取决于所需的电流、反应气体的局部压力与温度、湿度、化学计量比和燃料电池的老化状态等。燃料电池在交通应用中需要满足严格的限定条件：除非进行动力混合，否则燃料电池会始终在负载需求强烈变化的状态下运行，所需功率取决于电力牵引装置的功率需求。如果使用混合动力，则燃料电池的功率输出需求与牵引装置的动力需求并不直接相关，但仍然是高度变化的。

变换器的故障可能与控制命令、物理组件的故障有关。实际上，许多研究[BRY 11,CHA 10,KUL 10,WAN 13a,WAN 13b,WAN 14,YAO 13]表明，变换器的电容和半导体器件比其他组件衰减得更快。这些组件的衰减对 DC/DC 变换器的工作效率具有重大影响：导致变换器输出的电压低于设计值，最终导致整个系统的故障。短路是最不利的情况，一旦出现，燃料电池电堆中温度在几秒钟内会快速升高并导致不可逆的衰减[SAN 14b]。

4.2.4.4　控制回路

在动态控制中，要考虑的重要因素是质子交换膜燃料电池中时间常数的多样性（不同的流体、热和电化学时间常数）。燃料电池的响应时间受到气体流速、阳极和阴极压力、温度和氢压力的限制，需要确保这些参数的运行始终保持最佳的状态。系统设备和控制必须保证稳定性和鲁棒性（辅助设备在暂态和故障阶段会产生许多干扰），并需要根据燃料电池电堆的衰减状态进行调整。此外，为了减小对燃料电池电堆，特别是对流体流动的干扰，最好使用非侵入式传感器。因此，设备和控制的升级需要引入完整的一套非侵入性诊断方法。

图 4.2 给出了影响 PEMFC 可靠性运行因素的汇总图[KUN 06]。值得注意的是，虽然燃料电池衰减涉及多种原因和不同元件，但会造成电池功率损失、稳定性变差、燃料电池

寿命缩短。

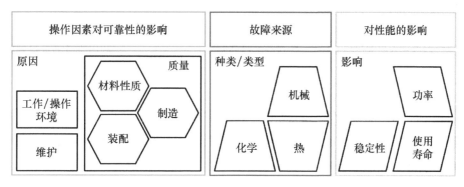

图 4.2　PEMFC 的故障类型

4.3　燃料电池故障诊断

4.2 节已经介绍了影响燃料电池电堆或系统衰减和失效的一部分原因。故障诊断的主要目的是基于检测、控制或维修等测试获取的信息，通过逻辑推理来判断故障发生的可能原因[AFN88]。

通常，一个部件的故障会引起整个系统的故障，使系统丧失部分功能，无法正常运行。为了确定系统的运行状态，需要在特定的位置安装传感器来进行精确的监测。这种监测可以使我们检测到系统的故障位置[RIB 09]。对于燃料电池系统，有许多可测量的参数（流量、压力、温度、湿度、单电池电压、电流以及燃料电池内部参数），通过使用以上所有特定传感器可建立有效的诊断机制。尽管如此，我们的目标是提供技术上和经济上均可行的解决方案，并尽可能避免使用可能会影响燃料电池运行的侵入式传感器。因此，文献［HIS 06］提出了一种燃料电池系统上可测变量的分类方法（表 4.1）。本书中，燃料电池电堆电压和单体电压以及电堆的动态性能表征（阻抗谱）的结果被用于诊断工具的开发。

表 4.1　燃料电池发电机的可测量信息[HIS 06]

技术或经济上可行的测量变量	技术或经济上有困难的测量变量	技术或经济上不可能的测量变量
		氢气/空气流量
燃料电池电流		流道内空气/氢气/水流量
燃料电池电压	单电池电压	氢气/空气湿度
燃料电池冷却水温度	氢气/空气压力（入口和出口）	质子交换膜内水含量

（续）

技术或经济上可行的测量变量	技术或经济上有困难的测量变量	技术或经济上不可能的测量变量
氢气/空气温度（入口和出口）	燃料电池内部温度	电堆阻抗 利用质谱测量得到输入气体和废气的成分

我们的重点是利用燃料电池数据研究的故障诊断方法。燃料电池本身可以被看作是一个传感器，发生在一个（或多个）辅助组件上的缺陷会对燃料电池的运行产生影响。因此，可以通过电池堆来检测衰减或故障[CAD 14]。

多年来，我们一直专注于与诊断相关的研究。这些研究主要依靠 ANR DIAPASON2 项目和 Elodie Pahon[PAH 15b] 的论文。这篇论文总结了我们团队自 2005 年以来在燃料电池诊断方法上所做的研究。同样，ANR DIAPASON2 项目为实现车载诊断系统的研究开辟了道路。

以下第一部分（4.3.1 节）概述了应用于燃料电池的诊断方法，第二部分（4.3.2 节）介绍了 Elodie Pahon[PAH 15b] 的论文和 ANR DIAPASON2 项目中开发的诊断方法。最后一部分（4.3.3 节~4.3.5 节）介绍了利用这些方法获得的结果。

4.3.1　用于燃料电池的故障诊断方法

本节主要目的是介绍适用于燃料电池的诊断方法，而不是展示最新技术，这些方法依赖于系统原理以及燃料电池系统的数据和信号。对于这些技术而言，重要的是进行多次实验测试，获取燃料电池正常运行（额定状态）和异常运行（故障发生）的数据作为参考，并通过系统的运行历史、实验或已知模型/估计模型来表示[RIB 09]。图 4.3 中对这些方法进行了分类。基于知识的诊断方法（基于规则的系统、FMECA、故障树等）仅用于技术开发，几乎从未被实际使用过。

因此，基于模型和基于形状识别（基于数据和信号）开发了两种燃料电池故障诊断方法。基于模型的方法是将测量变量的值与物理模型、行为模型（黑盒）或混合模型（灰盒）预测的值进行比较。物理模型考虑的是对系统有控制作用的现象，从而简化了诊断过程。但物理模型还需要了解内部参数值，而这些值很难测量并且需要专用传感器。这些传感器使燃料电池电堆和系统变得更加复杂，增加了成本，降低了可靠性。黑盒模型既不需要待建模的物理关系的相关知识，也不需要确定燃料电池的内部参数。但是，黑盒模型缺乏明确的因果关系，会使故障定位更加复杂。基于信数据和信号的方法不需要模型，仅依赖于先验知识和经验反馈，只涉及信号分析，如电压、电流等。

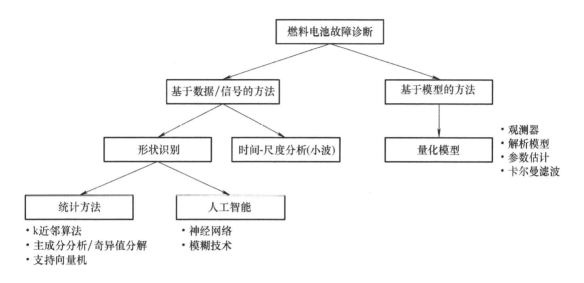

图 4.3 故障诊断方法的分类

4.3.1.1 基于模型的方法

数学模型的开发涉及一系列代数和（或）微分方程的使用。这个过程一般需要系统内部参数，而这些参数往往难以确定，例如燃料电池的流道尺寸和质子交换膜湿度等。因此，在研究基于模型的诊断方法时，需要深入了解系统的物理知识。进一步来说，这种方法的计算时间通常很长，使得在线诊断的可行性较低。

但是，数学模型（也称为基于知识的模型或"白盒"模型）无论在正常条件下还是发生故障时，都可以非常精确地描述所研究的系统。该诊断方法依赖于物理系统的真实行为和基于模型的预测行为之间的比较。这种比较检测有助于得出系统故障发生的原因，而故障模型可以定位和识别潜在的故障[BRE 15,CHA 13,RIB 09,SOR 09]。

文献［PET 13］提出了一种适用于 PEMFC 的基于模型的诊断方法。文献［WAN 11b］进行了类似的研究，不过其重点是固体氧化物燃料电池。由于本书的研究侧重于基于数据的方法，因此在此不做详细说明。

4.3.1.2 基于数据的方法

基于数据的方法需要使用黑盒模型进行分类。它们可以识别出系统的正常运行行为，这种方法的主要优点是不需要深入了解相关物理知识。而且这种方法的计算量通常比基于模型的方法少，更适用于在线应用。

这种方法依赖于一组可用的系统实验结果，将在系统上得到的一组测量值与已知的燃料电池运行状态联系到一起。

这种基于数据的方法通常需要使用形状识别方法，此方法使用数值训练和分类技术，以便建立基于实验（数据处理、测量历史）的系统参考模型。该参考模型可捕捉系统的正常运作行为，并用于检测和诊断[RIB 09]。

文献［ZHE 13a］提出了一种应用于 PEMFC 的基于数据的诊断方法。

（1）基于形状识别（SR）的诊断

形状识别（SR）通过将对象形状与典型形状比较来进行分类。当前工作使用的是统计形状识别方法，它是基于形状的数值表示[DUB 90]（结构化形状识别方法使用形状语法表示[FU 74]）。

通过统计的形状识别进行诊断，目的是为一个对象指定一个类，后者由符、变量、属性、参数、特征或形状等一组参数描述。在观测分析过程中，K 个类别（Ω_1，…，Ω_K）需要预先知道，并对其中的观测值 x 进行分类。属于同一类的向量形成点集，在空间中占据一个区域。为了对新的观察值进行分类，基于形状识别（SR）的诊断策略对区域进行了界定，并通过一组已知的观察值（称为训练集）来确定各个类别之间的分隔边界。这一步实现了类的表征，定义了决策边界。一旦定义了类别，就可以使用该算法对新的观察结果进行分类[YOU 09c]。

用于构建此类模型的主要分类技术可基于统计方法（k 近邻、支持向量机等）或人工智能（神经网络、模糊逻辑等）。许多燃料电池方面的研究实验均使用了基于形状识别的诊断技术[HIS 07, KIS 10, LI 14a, LI 14b, ONA 12, PAH 14a, PAH 14b, PAH 15a, PAH 15b, PAH 16, WAS 10, WU 08b, YUA 07]。

（2）基于时频变换方法的诊断

基于时频变换方法的诊断已在一些其他领域中使用了很多年，尤其是在旋转机械和内燃机领域[WU 05]。傅里叶变换从时间信号中提取频谱。在正常工作条件下，此频率易于识别，故障发生时会导致被测信号的频率成分出现偏差。谐波的振幅和位置可以作为待诊断过程的状态标志。但是，傅里叶变换对于统计性能不变（或变化很小）的平稳信号效率较低。对于燃料电池来说，所涉及的信号是非平稳的。

具有滑动窗口的傅里叶变换可以测量信号频率分量在时间尺度上的变化。然而，小波变换的时频分辨率更灵活、更优化[MAL 99]。小波变换可以根据时频平面中的位置来调整窗口的大小。相同信号的不同组成部分不一定以相同的方式变化，它们的行为变化取决于其低频或高频的范围。低频分量需要足够长的时间才能被正确分析。相反，高频分量变化速度快，需要的时间更短。正是小波变换分析的适应性使我们能够以不同的方式分析不同的频率成分[HAM 08]。

事实证明，使用这个数学方法进行燃料电池诊断可以有效地查找出各种故障，例如水淹、膜干、氧化剂供应不足、温度过高等）[BEN 14a,PAH 15b,STE 11,WAN 12,YOU 09b,ZHE13b]。

人们已经开发了更多用于燃料电池诊断的方法，这些方法需要定义代表系统正常和故障运行模式的参考标志。在这些标志中，值得一提的是声学标记[TAN 13]和磁性标记[HAM 14]。诊断时需要将当前标志与预定义的参考标志进行比较。

4.3.2 已开发的故障诊断方法

无论考虑哪种基于数据的诊断方法，都需要收集实际系统在正常运行条件下以及故障发生时的大量数据。在 Rosa Elvira Sanchez[SAN 15]，ElodiePahon[PAH 15b] 和 SimonMorando[MOR 15a]的论文中，FCLAB 联合会对不同的燃料电池进行了数千小时的测试。

4.3.2.1 基于 k-NN 与形状识别耦合的诊断方法

对于这种类型的方法，图 4.4[YOU 09c]给出了一般步骤，包括：

1）建立一个数据库，其数据由系统上获取。

2）建立表征空间：该阶段的目的是对表示空间进行优化。在系统上测量许多参数，但并非所有参数都很重要。因此，应减少特征参数的数量，同时又要保持较高的辨别能力。这一步具有几个好处，例如减少计算时间、简化分类、提升鲁棒性以及减少系统中后期验证时的传感器数量。有多种工具可以对该空间进行优化（对主分量进行线性或非线性分析、Fisher 判别式的线性或非线性分析等）[LI 14a,PAH 15a,YOU 09c]，它们被用于获取描述符。

3）训练和定义决策边界：监督分类需要预训练。实际上，描述符与系统的状态（健康或故障）相关联，可以建立几个类别并进行标记。然后，在类别之间定义决策边界。因此，对每个新的测量点（或系统的新观察点），都应该确定其分类。这属于分类阶段。

目前存在几种检测和分类的规则，其中以下几种方法值得重点关注：k 近邻算法（k-NN）[PAH 15a]、支持向量机（SVM）[LI 14b]、高斯混合模型（GMM）[WAS 10]、基于人工智能的方法（神经网络、模糊逻辑[ZHE 14]）等。

接下来将介绍 k-NN（k 近邻）算法，该方法已在 Elodie Pahon 的著作中进行了实质性研究。

k-NN 算法在检查阶段计算将要分类的新观测值（或样本）与已经分类的样本（根据预定义的指标）之间的距离，然后在 k 个最接近类中选择一个最具代表性的类，将新观测值分配给它[RAU 01,YOU 09c]。为此，应将新的样本与所有样本的距离进行比较。由于在分类过程中表现出的简单性和良好结果，使用欧式距离（式 [4.1]）：

$$dist(x,y) = \sqrt{\sum_{i=1}^{n}(x_i - y_i)^2} \qquad [4.1]$$

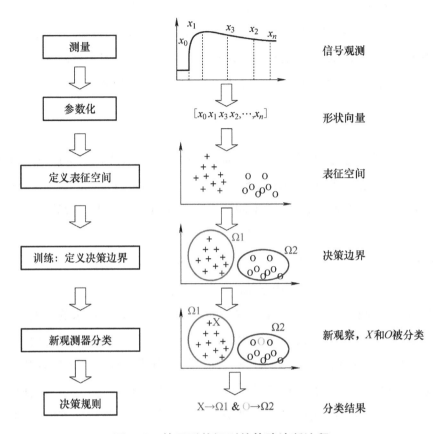

图 4.4 基于形状识别的故障诊断流程

最后，要对周围的环境进行定义，以便选择相邻的 k 个数量的样本，用于新样本与其比较。新样本的分类由 k 最近邻域的组决定。一旦新的分类完成，新的样本就可以自我表示，便于其被分配到一个可以进行处理的类。从统计学上讲，这等于将观察值分配给后验概率最高的类别，表示为属于 Ω_j 类的邻居数与所检查的邻居数 k 之比（式［4.2］）。为了避免数值范围较大的代表个体的组对其他组带来不利影响，所有数据均根据式［4.3］进行归一化处理：

$$P(\Omega_j/x)=\frac{k_i}{k} \qquad [4.2]$$

$$\text{normalization}=\frac{x-\text{average}(x)}{\text{gap}(x)} \qquad [4.3]$$

4.3.2.2　基于小波变换的诊断方法

小波分析已被 Mona Ibrahim[IBR 13]用于能量管理的工作中。此处使用小波分析的方法进行故障诊断，看起来这是一种新的有前景的解决方案。

如 4.3.1 节所示，小波分解相当于使用高通滤波器和低通滤波器对信号进行连续滤波。使用此带通滤波器，可以获得近似信号（低频）和细节信号（高频）。回想一下，细节信号 D_n 包含频率在范围 $\left[\dfrac{f_s}{2^{n+1}}, \dfrac{f_s}{2^n}\right]$ 内的高频信息，近似信号 A_n 包含频率在 $\left[0, \dfrac{f_s}{2^{n+1}}\right]$ 范围内 $s(t)$ 信号的低频成分。其中 n 为分解层数。图 4.5 给出了对信号 $s(t)$ 进行小波分解的例子。为了重建原始信号，只需要把分解得到的所有详细信号与近似信号进行叠加即可。

这里不再赘述如何选择小波或分解层数，在 4.3 节中已经做了详细解释。重点将放在用于诊断的基于小波能量的原始方法上。我们研究团队的博士研究生 Kun Wang 的论文[WAN 12] 开发了这种方法。她的工作实现了对固体氧化物燃料电池的诊断，研究目的是确定已定义信号的能量是否为操作条件的函数，以及以何种方式演变。

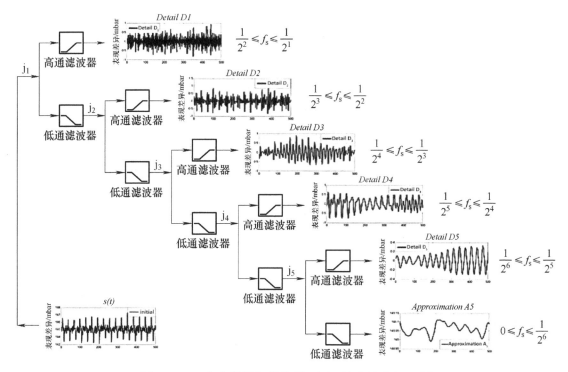

图 4.5　五个分解层级的信号 $s(t)$ 的小波分解示例

由于所有的信息传输都涉及能量传输，分解信号中包含的相对能量是描述燃料电池状态变化很好的指标，细节信号（D_n）是包含最多信息的信号。因此，研究的重点是细节信号中所包含的能量。细节信号的能量由式［4.4］定义，而信号 $s(t)$ 总能量等于每个细节信号的能量之和（式［4.5］）：

$$E_n = \sum_{n=1} |D_n(k)|^2, k \text{ 为每个信号的振幅} \qquad [4.4]$$

$$E_{\text{Total}} = \sum_n \sum_k |D_n(k)|^2 = \sum_n E_n \qquad [4.5]$$

最后，相对小波能量（RWE）被定义为细节信号中包含的能量与信号 $s(t)$ 总能量的比值（式 [4.6]）：

$$\text{RWE} = \frac{E_n}{E_{\text{Total}}} \qquad [4.6]$$

能量由频率范围决定，具体取决于所选的分解层数 n。信号 $s(t)$ 中包含的能量分布可以用细节信号表示，也可以通过 RWE 表示成总能量的函数。该能量分布被视为研究信号 $s(t)$ [PEN 14] 描述过程中所含信息的表现，能量通过一个细节信号函数也就是频率范围来评价。通过此应用[ROS 01,ROS 04]，可以在不同的时间和频率范围内观察到特定的现象和行为，具体结果详见 4.3.4 节。

4.3.3 基于 k-NN 方法的诊断结果

4.3.3.1 数据库设置

如前所述，第一步需要建立训练数据库（Training Database）。这里给出三个不同大小燃料电池的数据库。表 4.2 是针对每一个燃料电池所做的故障测试。每个故障都会产生一个特定的信号，并通过电化学阻抗谱（EIS）展现出来。实际上，根据操作条件的不同，阻抗谱的基本结构表示成两个弧线（高频和低频），但是弧线的具体形状会发生变化。因此，这两条曲线的形状变化是燃料电池系统的健康状态的一个具体指标[KUR 08,RUB 07,WAG 04,YUA 07]。电化学阻抗谱（EIS）可作为故障诊断的一个具体指标，表 4.2 汇总了根据试验燃料电池及确定要识别的故障所获取的电化学阻抗谱的数量。

表 4.2　训练数据库的组成

操作条件	PEMFC 类型		
	8 片电池	20 片电池	40 片电池
健康模式-额定	60 个阻抗谱	20 个阻抗谱	100 个阻抗谱
水淹		80 个阻抗谱	
膜干		100 个阻抗谱	
空气供应故障	55 个阻抗谱		210 个阻抗谱
短路			80 个阻抗谱
冷却回路故障	12 个阻抗谱		60 个阻抗谱
CO 中毒	19 个阻抗谱		

图 4.6~图 4.9 给出了包含 40 个单体的燃料电池电堆发生 2 个故障的相关曲线。第一个故障是通过减少燃料电池进口的空气供应，以模拟可能由空气压缩机或其控制单元故障导致的空气供应不足。图 4.6 所示为阴极的化学计量比（CSF）从 2（额定点）下降到 1.6，进而下降到只能保证系统正常运行的最低点 1.4（最低可行点）。当燃料电池阴极的化学计量比（CSF）发生变化时，这些故障产生的特征都可以通过电化学阻抗谱表现出来。图 4.7 表明空气越不足，频谱的低频弧越大。

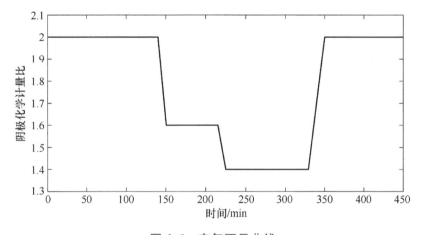

图 4.6　空气不足曲线

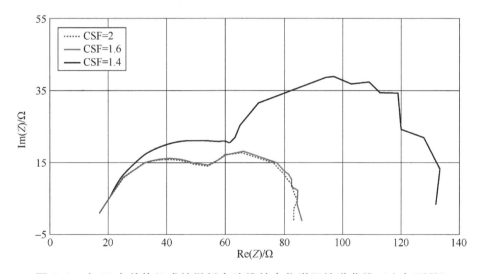

图 4.7　由 40 个单体组成的燃料电池堆的电化学阻抗谱曲线（空气不足）

第二个故障（图 4.8）是通过减小冷却水回路的流量来模拟燃料电池的内部温度升高。当冷却水泵或其控制系统出现问题时，则可能发生此故障。因此，第一步是将该流量减半，以便观察其对温度和电压的影响。然后，完全切断冷却水循环，这会导致温度突然升高（Δ≈20℃）。这时燃料电池的催化剂位置处肯定会出现更高温度的热点，但这需要使用侵入式微型热电偶来测量这个温度值。但是，由于膜变干电压会很明显下降（图 4.8）。图 4.9 所示为故障发生前后的电化学阻抗谱曲线。

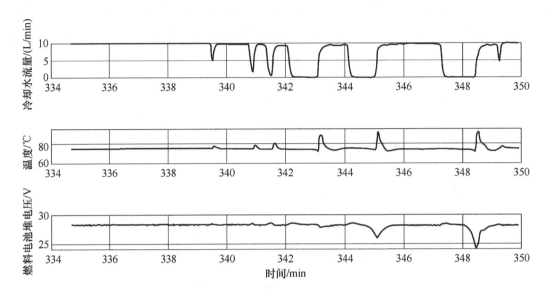

图 4.8　冷却水流量变化曲线及其对燃料电池温度和堆电压的影响

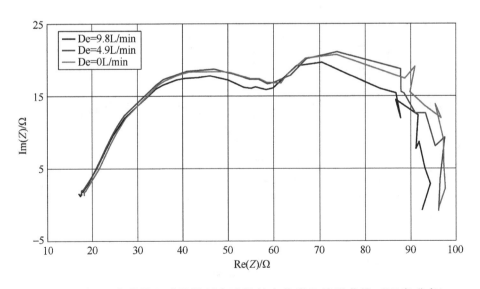

图 4.9　由 40 个单体组成的燃料电池堆的电化学阻抗谱曲线（温度升高）

利用不同燃料电池还做了进一步的故障测试。值得注意的是，表 4.2 中提到的故障只要在控制范围内都是可逆的。但其中的一些故障，如短路故障、冷却回路故障、一氧化碳中毒，如果持续时间过长，就会变得不可逆。在这些案例中，我们制定了良好的试验方法，目的是使燃料电池的系统性能与故障发生之前测得的性能保持一致。

4.3.3.2 描述符的选择和训练库的建立

表4.2和前面章节提到的实验结果为我们的分类提供了坚实的训练基础。让我们把关注点放在涉及嵌入式内存空间最优配置的实时诊断方面。k最邻算法的标记阶段和初始数据训练可以离线进行。但是，嵌入式系统上要有可用的存储空间，以便存储测试阶段和在线诊断所需的数据库。为了优化这个部分存储空间，我们仅提取阻抗谱的几个点，而不是提取整个谱。依靠简单的观察和文献[ONA 12,WAS 10]可以找到的更多专业知识，我们观察到谱的保留点是按照频率进行选择的。换句话说，频率可以确定对诊断很有用，它们基于其在复平面中的坐标「实部 Re（Z）和虚部 Im（Z）」在诊断过程中发挥了指示器的作用。获得的电化学阻抗谱包含约40个频率。在这个工作中，根据专家的观察[ONA 12,PAH 15a,SAN 15,WAS 10]，我们发现在诊断过程中有6个相关联的频率。这些频率相关性最强，并且显示了不同故障影响的形态。

因此，如图4.10所示，从电化学阻抗谱中提取了的12个关键参数，这些阻抗谱是在不同健康状态下测得的。

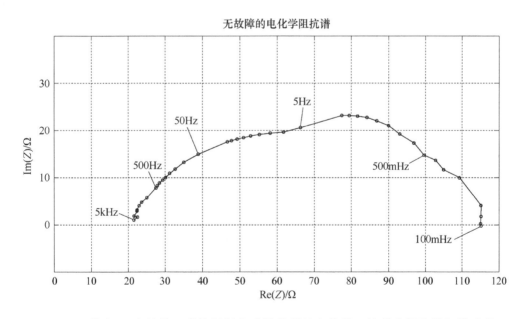

图4.10　从由40个单体组成的燃料电池堆获得的电化学阻抗谱中提取特征描述符

图4.11给出了具有40个单体组成的燃料电池电堆的数据库组成情况。我们重新定义了不同的操作条件，这些操作条件与它们的电化学阻抗谱相关联。同时还提供了6个特征频率，用f_x表示，其中变量$x=\{1,2,3,4,5,6\}$。对于每一个特征频率，其坐标（实

部、虚部）都是 k 近邻算法的训练数据库。

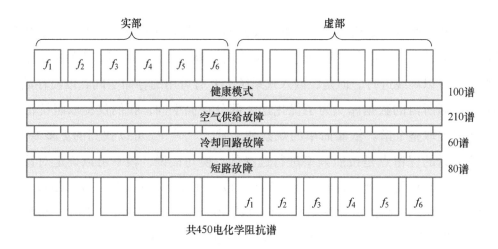

图 4.11 训练库的组成

4.3.3.3 测试中的算法训练和交叉验证方法

训练阶段是算法的初始化阶段，是描述符集更接近燃料电池的健康运行状况或故障状态，这一阶段和获取电化学阻抗谱时的操作条件密切相关。换句话说，燃料电池系统出现的每个故障都使用 12 个描述符进行标记，此过程称为数据标记。数据标记相当于把一个正常或故障状态与学习矩阵的一行联系起来（图 4.12）：

$$\begin{bmatrix} \mathrm{Re}(f_x)_{EIS_1} & \mathrm{Im}(f_x)_{EIS_1} & \mathrm{Re}(f_{x+1})_{EIS_1} & \mathrm{Im}(f_{x+1})_{EIS_1} & \dots & \mathrm{Re}(f_m)_{EIS_1} & \mathrm{Im}(f_m)_{EIS_1} \\ \vdots & & \vdots & & & \vdots & \\ \mathrm{Re}(f_x)_{EIS_n} & \mathrm{Im}(f_x)_{EIS_n} & \mathrm{Re}(f_{x+1})_{EIS_n} & \mathrm{Im}(f_{x+1})_{EIS_n} & \dots & \mathrm{Re}(f_m)_{EIS_n} & \mathrm{Im}(f_m)_{EIS_n} \end{bmatrix} \begin{matrix} state\ of\ health\ \lambda_1 \\ \vdots \\ state\ of\ health\ \lambda_n \end{matrix}$$

图 4.12 学习矩阵

在数据标记阶段之后，该算法将研究描述符与健康状态之间的联系。只有从这一步之后，才可以开始对新个体进行分类，这属于测试阶段。

考虑到每个谱提取的 12 个描述符，故障情况下只有有限数量的点可以使用。为了避免降低分类器的泛化能力，可以考虑使用交叉验证方法来评估分类器的性能。数据库可以分为两部分：第一部分是用于训练模型的子数据库，完成训练后，可以使用第二部分的子数据库来测试模型的性能。其中的方法包括最著名的 k-fold、留一法或蒙特卡洛法（k-fold，leave-one-out or Monte Carlo），它们将数据库细分为独立的子集，分别用于训练和测试。在这些研究中采用留一法作为交叉验证的方法，因为留一法非常适合数据量小的数据库[BEN 04]。该方法包括在单一样本上的验证和在剩余数据集上的训练。该过程的重复次数等于数据库中的个体数量（图 4.13）。

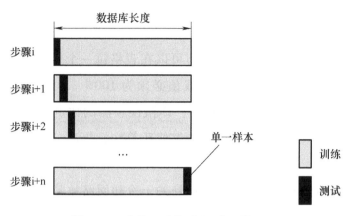

图 4.13　"留一法"交叉验证的原理

4.3.3.4　分类结果

表 4.3 总结了从 40 个单体组成的燃料电池堆中获得的正确分类结果（k 的邻域值从 1 到 10）。值得注意的是，当邻域值 $k=2$ 时，可以获得最佳分类正确率。但提升此参数并不一定会改善结果，因为这会增加区分不同类别的难度。图 4.14 就是一个很好的类间分辨率较差的例子。

表 4.3　不同 k 值对应的分类正确率

k	1	2	3	4	5	6	7	8	9	10
分类正确率（%）	84.44	**84.67**	83.56	84	83.78	84.22	83.56	84	83.56	83.33

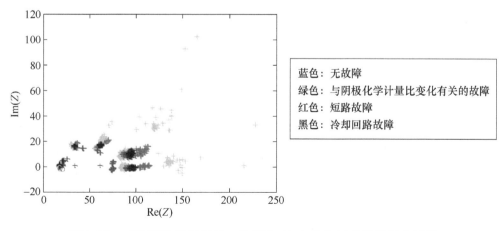

图 4.14　对数据进行标记后，使用由 40 个单体组成的燃料电池堆
获取的不同阻抗谱在复平面上的分布情况

表 4.3 显示约 15% 的数据未正确分类。混淆矩阵可以用来评估数据标记误差。通过混淆矩阵，可以比较因变量的观测值和预测值，然后记录正确和错误的预测。混淆矩阵以表格的形式表示，能够显示实验的健康状态和通过分类方法诊断出的健康状态。对应获得的试验数据，该算法正确分类的能力可以在表格每一个行列交汇点上评估。理论上，在诊断无误的情况下，此表的对角线值必须为 100%。实际上，诊断越精确，对角线的值就越接近 100%。残差也很重要，即错误预测的比例，在表格中显示为对角线上方的值。通过残差和混淆矩阵我们能够修正算法，提高分类器性能并确定诊断的难点。

混合矩阵最大的分类误差（表 4.4）是关于冷却回路故障（Dcr），其正确率仅为 55%。对于其他操作条件，分类正确率在 80% 以上。这主要因为冷却回路故障与空气供气故障（Dca）和短路故障（Dcc）同时发生，且运转状态的数据量较小（其数据只有 60 个谱，而 Dca 为 200 个）。另一个原因也可能是因为所选的描述符难以表征此故障。

表 4.4　与最佳分类相关的混合矩阵

		算法估算的健康状态			
		$Opt_{estimated}$	$Dca_{estimated}$	$Dcr_{estimated}$	$Dcc_{estimated}$
测试的健康状态	Opt	80%	10%	3%	7%
	Dca	0.5%	96%	1%	2.5%
	Dcr	1%	20%	55%	24%
	Dcc	1.5%	5%	10%	83.5%

Opt：正常且额定状态，Dca：空气回路故障，Dcr：冷却回路故障，Dcc：短路故障。

为了定义最佳的描述符规则，选择对从电化学阻抗谱中提取的最佳组合描述符进行穷举搜索，这是一种测试所有可能参数组合的工具，它依赖于组合逻辑和无替代的随机选择（图 4.15）。在这个情况中，共测试了 4095 种可能的组合。每对参数组合均通过 k-NN 算法进行测试，并且分类正确率很高。然后，我们要选择性能表现最佳的和其相关的参数组合，它是由以下 6 个描述符组成的解决方案：Re（500Hz）、Re（50Hz）、Re（5Hz）、Re（100mHz）、Im（500mHz）和 Im（100mHz）。

当 $k=1$ 时，使用该参数规则获得的分类正确率达到 92.22%，明显高于使用 12 个描述符和当 $k=2$ 时获得的结果（84.67%）。此外，如果使用混淆矩阵（表 4.5），则残差不会特别明显。

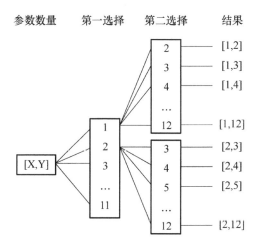

图 4.15　无替换随机选择示例

此项研究在其他两个尺寸不同（8 和 20 个单体）的质子交换膜燃料电池上也已经实现了其他的故障分类。对于 8 个单体组成的燃料电池电柜堆，使用 5 个描述符得到的分类正确率最高（93.66%，$k=1$）。为了把开发的方法从一个燃料电池电堆进行扩展和转移，把 8 个单体组成的燃料电池堆研究得到的五个描述符［Re（500Hz）、Im（500Hz）、Im（5Hz）、Im（500mHz）、Im（100mHz）］，用到 40 个单体组成的燃料电池堆上。当 $k=6$ 时，分类正确率达到 89.11%。

表 4.5　具有 6 个描述符分类正确率最高的混淆矩阵

		该算法估算的健康状态			
		$Opt_{estimated}$	$Dca_{estimated}$	$Dcr_{estimated}$	$Dcc_{estimated}$
测试的健康状态	Opt	89%	10%	0%	1%
	Dca	7%	91.5%	1.5%	0%
	Dcr	0%	3%	93.5%	3.5%
	Dcc	0%	0%	1.5%	98.5%

性能损失仅为 3%，可以说该分类方法在描述符的选择方面是可靠的并具有良好的鲁棒性。

综合考虑性能、计算时间和描述符的选取，这五个参数的选择似乎是一个很好的折中方案。它可以在 1s 后估计出燃料电池系统的健康状况，这个时间包括了数据训练、测试阶段和最相关混淆矩阵运算所需的时间，计算采用 2011 年产的 Intel RCoreTMi7-3770 CPU@3.40GHz 的计算机。该计算时间足以满足在线故障诊断需要。值得注意的是，为了实施正确的故障诊断应该获得充分的化学阻抗谱，这需要最低采样频率点为 100mHz。

4.3.3.5 将方法转移到老化判断

前面已经介绍了由电化学阻抗谱中提取的描述符方法的鲁棒性。这里将该方法转换应用于另一个质子交换膜燃料电池来确定其老化程度。使用由 5 个单体组成的燃料电池电堆获得的相关试验数据。燃料电池根据电流工况曲线，模拟一个微型热电联供系统运行 2000h。在这次长时间测试过程中，每周获得 3 组电化学阻抗谱和一条极化曲线。

测试的目的是确定微型热电联供系统在 2000h 测试中每天进行 10 次循环后的老化程度（图 4.16）。对于标记过程，选择了燃料电池正常运转的三个阶段，即燃料电池系统寿命开始时的状态、燃料电池系统寿命中期时的状态和燃料电池系统寿命结束时的健康状态。长期测试的持续时间与系统的使用寿命相关。在开始的 1200 个工作小时内，获得了 8 个电化学阻抗谱（如图 4.17 所示）。可以直观地进行分组，前三个代表"燃料电池系统开始使用时的组"，t504 和 t672 代表"燃料电池系统使用寿命中期时的组"，后三个代表"燃料电池系统寿命结束时的组"。

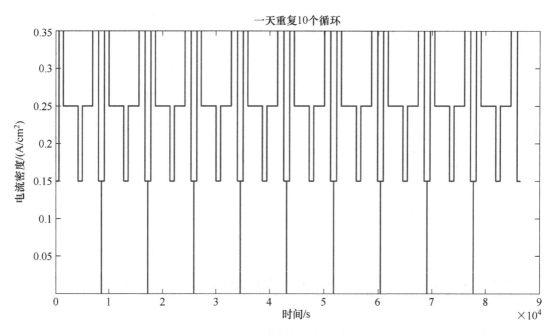

图 4.16 无替换随机选择示例

为了对算法进行测试，选择前面部分用到的五个描述符。当 $k = 3$ 时，分类的正确率达到 87.5%，相关的混淆矩阵见表 4.6。

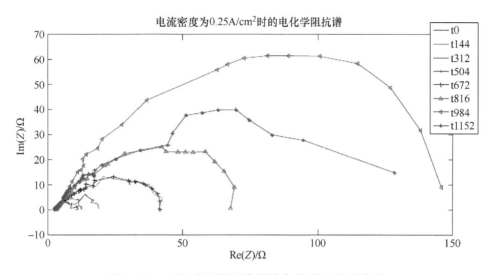

图 4.17 老化过程期间获得的电化学阻抗谱曲线

表 4.6 具有 5 个描述符的混淆矩阵

		算法估算的健康状态		
		开始使用	使用寿命中期	寿命结束
测试的健康状态	寿命开始时	87.5%	12.5%	0%
	寿命中期时	7%	100%	0%
	寿命结束时	12.5%	12.5%	75%

结果表明其分类正确率接近 90%，因此这个算法是高质量的。

k-NN 算法已在不同燃料电池上进行了不同故障检测的测试，该算法的性能和鲁棒性都已经得到证明。本章结尾部分对 k-NN 算法与其他方法进行了评估和比较。

4.3.4 基于小波变换方法的诊断结果

4.3.4.1 实验数据的选择

与 k-NN 算法类似，此方法也需要实验数据。用小波变换开发的方法需要获取时间信号数据。在这些研究重新形成的故障类型中，这里只给出空气供应过量故障的结果。针对这种故障，根据对应的工作条件，对燃料电池堆和燃料电池单体的电压、压力信号以及电压的时间信号进行了研究（图 4.18）。此处给出的运行条件会导致膜干故障。

尽管在燃料电池电压大小上存在阴极化学计量比（CSF）的影响，但阴极回路入口和出口之间的压力差信号对于这种故障的诊断似乎更具代表性。

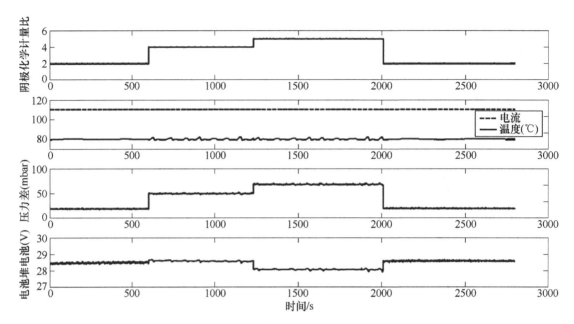

图 4.18　电压、阴极（输入-输出）压力差和燃料电池温度随阴极化学计量比的变化

4.3.4.2　RWE 的结果

用阴极（入口/出口）压力差的信号 $s(t)$ 验证此方法，并采用离散小波变换。Daubechies 4 小波由于其效率高而被采用，并且使用式［3.11］计算出分解层数为 5，具体结果如图 4.19 所示。

然后，针对每个详细信号和建立的运行条件计算相对能量。图 4.20 所示为使用式［4.6］获得的结果。

D5 细节的能量（由圆圈表示）具有由化学计量比确定的特征：阴极化学计量比越高，该细节的能量减少程度越大。相反，由星形表示的 D1 细节能量随阴极化学计量比的增加而增加。这两个细节信号在阴极化学计量比的变化过程中具有重要的行为变化。

为了验证这些观察结果，采用相同的方法应用于燃料电池堆的电压信号，可以得出相同的结论，结果如图 4.21 所示。

通过电压或压力信号分解对获得的几个细节信号进行能量指标（RWE）研究，揭示了两个端值的细节特征。实际上，无论原始信号如何，细节信号 D1 和 D5 的 RWE 对阴极化学计量比增加反应都有明显反应。细节信号 D1 的相对小波能量随阴极化学计量比的增加而增加，而细节信号 D5 的相对小波能量则随着阴极化学计量系数的增大而减小，正好与 D1 的相反。其他能量指标没有明显行为变化，也没有对系统产生特定的影响。

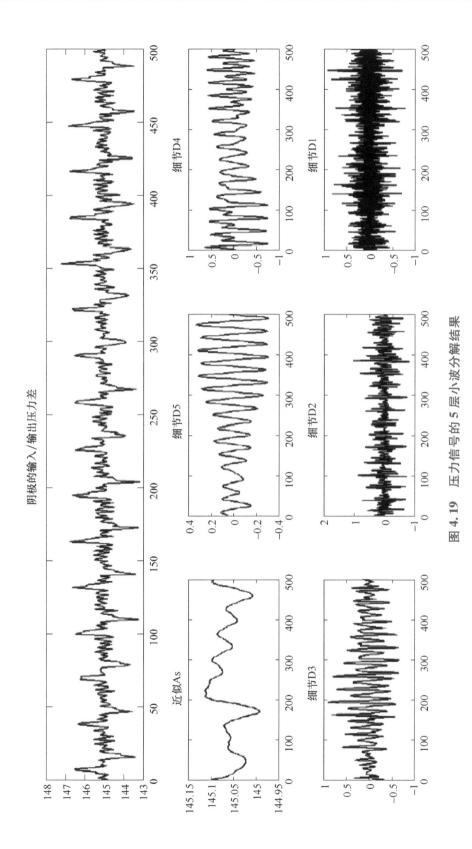

图 4. 19　压力信号的 5 层小波分解结果

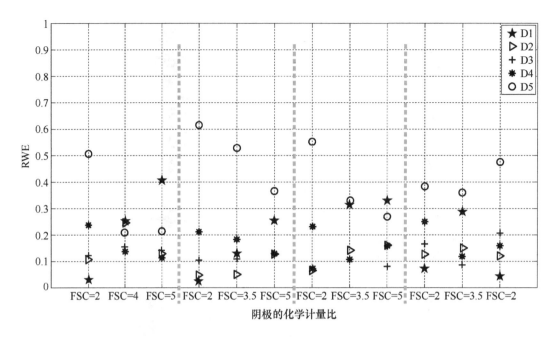

图 4.20　根据工作条件的 RWE

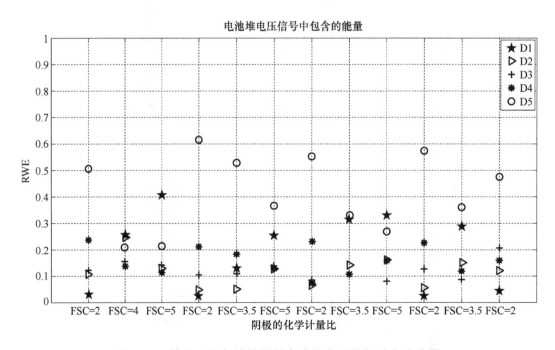

图 4.21　基于工作条件的燃料电池堆电压的相对小波能量

因此，该能量指标可用于诊断质子交换膜燃料电池系统的空气供气过量故障。

这里给出的方法用于在固体氧化物燃料电池方面的工作成果（2009 年专利）[YOU 09b]。

该方法转化应用到质子交换膜燃料电池上结果令人满意。值得注意，有关对相同信号熵进行的同一研究也得出了相同的结论。最后，为了检验该方法的鲁棒性，将其用于检测和估计燃料电池系统的老化情况，也有所成效[PAH 15b]。

4.3.5 基于其他诊断方法的结果

在 ANR DIAPASON 2 项目[ANR 14]中，研究人员开发了许多诊断方法，该项目为实现嵌入式诊断系统开辟了路径。实际上，该项目已经成功开发了基于信号方法的故障诊断算法。具有最高性能的算法已被集成到微芯片上，并在 CEA（EPICEA）的实际质子交换膜燃料电池系统上进行了测试和验证。

以下的部分将简要介绍我们开发的一些其他方法及其研究结果。

4.3.5.1 基于电压信号奇异值分析的方法

基于连续小波的多尺度分析被用于在广泛的尺度上观察燃料电池堆的电压信号的变化。为了量化奇异点的作用力及其在不同运作条件下的分布情况，采用了"多重分形框架"（multifractal formalism）方法，此方法基于小波变换模量最大值（WTMM）数据。该方法可以根据单个传感器的电压计算出的奇异谱来区分不同操作工况[BEN 14a]。

结果表明，每个故障都会在电压奇异谱上留下自己的标记。通过参数选择技术，MRMR 和 k-NN 分类器组合方法可获得的最佳分类率为91.3%。

4.3.5.2 统计方法

这个诊断依赖于燃料电池单体电压的研究。为了提取参数并分类，对不同算法的可能组合进行了比较研究。对于参数提取，主要研究了四种算法：主成分分析（PCA）、费舍尔判别分析（FDA）及其非线性形式 KPCA 和 KFDA。以下三种提取算法已被应用：高斯混合模型（GMM）、支持向量机（SVM）和 k 最近邻算法（k-NN）。

对于燃料电池电堆，故障诊断的置信度高于95%，而在离线 EPICEA 系统上的置信度高于90%。该方法既能保证结果质量，也易于集成（计算时间少于 1s），这是一个最好的折中方案，FDA 和 SVM 组合方法已被保留用于验证[LI 16]。

最后，图4.22 总结了基于 Elodie Pahon 的论文和 ANR DIAPASON 2 项目所开发的各种诊断方法。

在长达十多年的时间内，我们研究团队进行了许多故障诊断方面的工作。这里介绍的内容可为在线燃料电池诊断提供多种思路，有助于提高当前燃料电池系统的可靠性及其使用寿命。然而，为了大幅度提高燃料电池的使用寿命，近年来出现了新的方向：燃料电池的预测，下面部分将专门讨论燃料电池的预测技术。

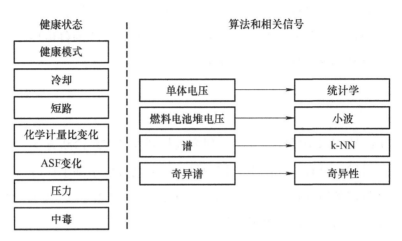

图 4.22 基于质子交换膜燃料电池试验台测试故障的算法开发

4.4 燃料电池的故障预测

前几节重点介绍了很多用于 FC 系统故障诊断的方法。这些方法依赖于系统在给定时刻获得的量化的系统故障指标，并将其与额定操作的指标进行比较。偏差过大时会触发后续诊断（定位和识别）。相反地，故障预测可以使我们预先有充足的时间获得系统健康状态指标，以便及时做出正确的决策。换句话说，故障诊断涉及对已发生故障之前的事件分析（例如识别已经发生的事件），而故障预测则涉及故障发生前的事件分析，例如通过观察来预测系统的未来行为（图 4.23）[SAN 15]。

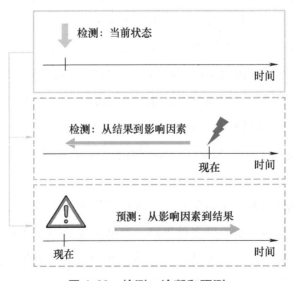

图 4.23 检测、诊断和预测

我们团队的各种项目和论文旨在开发智能 PHM（预测和健康管理）方法，用于 PEMFC 系统的健康状态监测和剩余寿命估计。主要的科学目标是为 PEMFC 系统的各种应用开发可靠的预测方法，这些方面将在下面的章节中进行描述。第一部分将介绍故障预测和 PHM，并探讨适用于 PEMFC 系统的故障预测方法。第二部分将介绍我们团队开发的各种故障预测方法。

4. 4. 1 从故障预测到 PHM

传统的预防和纠错性维护方法在工业系统领域是众所周知的。尽管如此，这些方法往往代价高昂而且受到很多限制。为了降低成本和风险，制造商倾向于增加其预测故障的能力，以便尽可能精确地采取预防措施[GOU 15, HES 08, MUL 08]。为此，PHM 作为其中一种解决方案，已经被越来越多地使用，而故障预测过程目前被认为是寻找整体性能的主要手段之一[GOU 15]。正如 ISO 委员会所提议的，故障预测的目的是估计失效时间和一个或多个早期失效模式的风险[ISO 04]。

根据不同的应用和目标，故障预测的应用也是不同的。因此，评价标准的一致性很重要。可以通过以下两种方式评估故障预测：

1）故障的主要目的是为用户提供可靠的数据，使他们能够做出正确的决策。在这些数据中，预测最常用的指标是失败时间（TTF）或剩余寿命（RUL）。还应建立一个置信水平来表示 RUL 的置信值（图 4.24）。

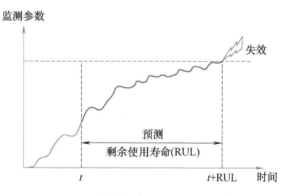

图 4.24 剩余寿命（RUL）的图示

2）评估故障预测的质量是有必要的，以便做出适当的判断。故障预测的性能应该量化，例如，一组 RUL 的估计值和 RUL 的实际（实验）值之间的距离。

相关工作将通过这两个指标来确定和量化 FC 的故障预测。在开发这些故障预测方法之前先介绍目前可用的预测方法的原理。

4.4.1.1　不同的故障预测方法

通常使用的系统故障预测方法有四种，根据应用和可用的数据或知识的不同而有所不同。这四种方法被汇总在图 4.25 中，下面对其进行说明：

1）基于物理模型的故障预测使用数学公式来概括描述系统衰退过程中的物理现象。模型建立完成之后，该方法可以提供精确的结果，并且不需要历史数据来估计未来状态。然而，衰退的模型是复杂的，因为它不涉及被控对象的多物理和多尺度现象。因此，很难得到一个可解析且描述完整的衰退现象动力学模型。另外，一旦为给定的应用建立了模型，就很难将其转移到另一个物理系统。因为模型的应用框架是有限的[JOU 15b]。

2）基于数据的故障预测依托于监控数据的开发以及人工智能领域的工具来实现。这是一个"黑匣子"模型，它不需要深入了解系统知识。通过对获得的系统数据进行处理，可以提取反映系统行为及其衰减的特征。建立故障预测模型用于系统的行为训练，以此确定系统的当前健康状况（SoH）并预测其未来性能状态，由此形成对 RUL 的估计。此方法性能的好坏很大程度上取决于获得数据的质量和数量。模型训练对于计算时间和系统行为的真实表现方面都是至关重要的。尽管如此，这种方法还是很好地兼顾了适用性和结果的准确性[GOU 15,JOU 15a,MOR 15a,SAN 15]。

3）基于经验的故障预测依靠专家或长期反馈所获得的成果利用。这些知识使我们能够使用统计工具和可靠性函数来解释系统的故障演化。这种方法既不需要能够表示系统物理行为的分析模型，也不需要衰减机制的深度知识。但是最大的难点是很难获得涵盖系统所有使用状态且具有代表性的经验知识，并且得到的结果不如基于模型或数据的方法给出的结果精确，尤其是在操作条件可变或所研究的技术较新的情况下更是如此[SOU 13]。

4）混合故障预测是一种基于物理模型和面向数据方法相结合的方法。该方法使用的实验数据是用来估计分析模型的不可观测参数和难以建模的现象。混合故障预测方法具有良好的估计和预测性能。此外，它们能够对不确定性进行高质量的建模。然而，这种方法在计算资源方面要求很高，并且受到衰退机理模型需求的限制[JOU 15b]。

4.4.1.2　预测与健康管理（PHM）

不管是哪种故障预测方法，都不能单独使用。实际上，故障预测的实施需要一组任务（或模块），这些任务通常需要在 PHM 的体系下进行重新组合。PHM 是对基于状态的维护（CBM）[ISO 06]的扩展，其体系结构如图 4.26 所示。

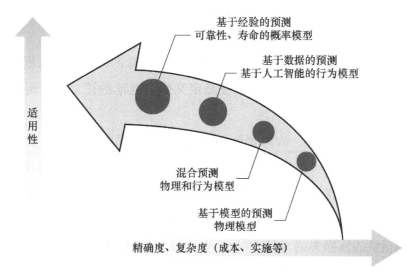

图 4.25　预测方法的分类

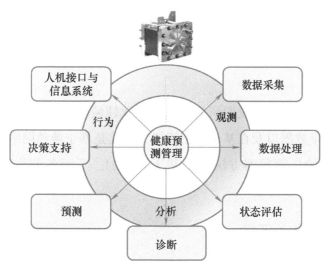

图 4.26　健康预测管理（PHM）模块

PHM 的各个阶段如下所示：

1）数据采集的目的是采集传感器发出的数据；

2）预处理的目的是对采集到的信号进行过滤，提取/选择描述符，实现对操作的表征；

3）监控的目的是将描述符与期望值进行比较，以便根据预定义的阈值生成警报；

4）故障诊断的目的是确定系统状态是否存在衰退，并提出可能的故障机制和原因；

5）故障预测的目的是预测系统的未来状态，并估计故障发生的时间；

6）决策援助是为系统任务的完成提供规范行动的建议；

7）人机界面可以呈现出结果。

到目前为止，这些工作主要是为了正确理解 PEMFC 的衰退，即数据采集、描述符提取、检测和故障诊断。目前研究的任务是定义燃料电池的正常运行寿命，并采取使 FC 实现最佳运行状态的措施。

在预测性维护的框架内，故障预测与 PHM 的研究课题正在不断扩展。这些研究课题有利于改进 FC 系统。在近期 FC 的开发中有使用到这些工具。据我们所知，国际上关于 FC 故障预测研究最早开始于 2011 年，这项研究工作是德国经济技术部资助的项目的一部分。在法国，ANR PROPICE 项目是 FC 故障预测的第一个项目。2012 年，仅有一篇预测活性表面损失的文献[ZHA 12]，在这篇文献中，研究人员通过扩展卡尔曼滤波器实现了预测。自 2013 年以来，由于研究联合会 FCLAB 在 FC 故障预测工具方面的工作的展开，文献数量开始增多。事实上，基于模型的方法[LEC 15]、基于数据的方法[MOR 14,MOR 15a,MOR 15b,SAN 14a,SAN 15]、混合方法[JOU 13,JOU 14a,JOU 14b,JOU 15a,JOU 15b,JOU 16]已经开始出现。在由 FRFCLAB 组织的 IEEE PHM 数据挑战[PHM 14]项目中，还提出了其他基于数据的预测方法，该方法基于阻抗测量数据[KIM 14,VIA 14]预测健康状态，并根据电压数据估计 RUL[HOC 14,KUR 14]。

正如在本书中所指出的，我们研究团队的专业领域之一是 PEMFC 的实验测试。基于近年来收集的大量数据以及在基于人工智能（尤其是基于神经网络）方法上获得的经验，我们主要研究的故障预测方法将是基于数据的。下面各节将重点介绍这方面的内容。

4.4.2 故障预测方法的开发

这里只介绍在 Rosa-Elvira Sanchez[SAN 15]和 Simon Morando[MOR 15a]的论文中提出的基于数据的方法。Rosa-Elvira Sanchez 在论文中提出的方法是基于 ANFIS（自适应神经模糊推理系统）的，而 Simon Morando 的预测方法是基于神经网络的特定架构。

4.4.2.1 基于 ANFIS 的方法[SAN 15]

这些工作提出了预测 FC 健康状态的模型。该方法是基于 FC 电压随着时间的变化。这种简单且低成本的方法来监控电堆的当前健康状态（SoH），可以很好地反映燃料电池的衰减状况。并且通过对电压随时间变化的预测可以估计 FC 系统未来衰退或故障。

在第 3 章中，特别是在 Mona Ibrahim 的论文[IBR 13]中已经表明，可以通过不同策略和模型来获得时间序列的预测。这里将保留递归策略，因为它易于实现，并且可以兼顾模型的精度和复杂性之间实现了很好的折中。此外递归策略的预测只需要建立一个模型，从而减少了计算时间[SAN 15]。在模型方面，我们感兴趣的是 ANFIS（自适应神经模糊推理，图4.27）系统，因为它具有快速、自适应且不需要复杂的分析模型等特点。此外，该模型很容易实时实现[GAO 01,NAU 99,WU 08c]。值得注意的是，通过我们的研究，使得神经模糊系统对非线性系统（如 FC）的建模成为可能，并且能够考虑到人的经验。此外，这个模型还可以集成训练数据的测量噪声。

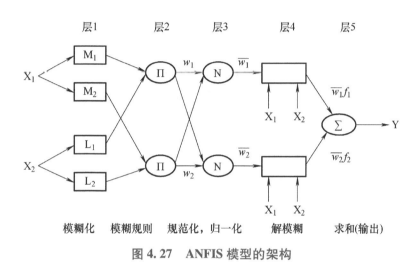

图 4.27　ANFIS 模型的架构

如第3章所述，模糊逻辑是一种使用语言标签表示数值的计算技术。基于模糊逻辑的系统依赖于"if-then"和隶属函数（MF）的集合，这些函数定义了系统输入和输出变量之间的关系。模糊规则和 MF 通过人的知识或定义输入输出变量之间关系的系统数据来定义的。考虑到 PEMFC 寿命估计的复杂性和专业知识的缺乏，很难根据人的经验来设计用于预测性能损失的模糊系统。因此，这种系统的设计必须使用实验数据。

ANFIS 系统是 Jang 等人引入的一类自适应网络[JAN 93]，可以将其视为是具有直接作用的一种神经网络结构，其中的每一层都是神经模糊系统的组成部分。换句话说，这些系统实质上依赖于通过神经网络优化的模糊逻辑规则和 MFs。我们将在第4.4.3.2节中说明这种结构的使用。

4.4.2.2　基于 ESN 的方法[MOR 15a]

当系统的相关物理参数难以测量时，可以选择神经网络（NN），它特别适合非线性动态系统。这些工具对于 FC 的研究非常有意义[JEM 04]。Morando[MOR 15a] 的工作实现了一种特定的递归神经网络（RNN）架构。该架构是储备池计算（RC）。Jaeger[JAE 01,JAE 02] 在2000年第一次开展了有关带储备池的神经网络计算，特别是回声状态网络（ESN）相关的研究工作。在其他形式的带储备池神经网络中，包括反向传播-解相关（BPDC）[MAA 02]和液态机器[STE 04]网络。它们被用于如医学[ONG 13]，经济[LIN 11]和光学[MAR 12, LAR 10]等各种领域。

回声状态网络（图4.28）是一种特殊的神经网络，其主要特征是使用动态神经储备池。在该储备池内，按照一组规则来随机生成连接，这些规则能够保证递归神经元具有足够的动态特性。输出读数层可通过简单线性回归进行优化以提供网络的输出信号。这种新方法得益于递归网络固有的时间处理能力，同时简化了网络构建的方法。

此外，这种方法简化了网络的训练，只优化了储备池的权值。这使得算法更加简单和快速。

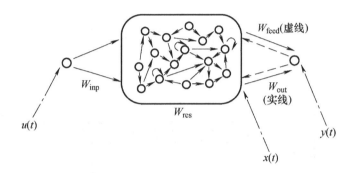

图4.28　回声状态网络的结构。W_{inp}—将输入连接到储备池库的矩阵（N行，K列）

W_{res}—表示储备池储备池的矩阵（N行，N列）　W_{out}—将储备池连接到

ESN 的输出的矩阵［L行和（$N+K$）列］　W_{feed}—表示输出自身反馈的矩阵（N行，L列）

N—储备池储备池中神经元的数量　K—输入的数量　L—输出的数量

虽然使用回声状态网络在时间信号处理上可以获得更准确的结果[JAE 03, VER 07]，但这类工具的参数化也比传统的神经网络复杂得多。

需要对储备池的参数进行优化（如下所示）：

1）神经元的数量，N_{res}，是储备池的关键参数，它将在一定程度上决定网络的性能。从理论上讲，要获得与最佳解决方案相对应的更好的线性组合，需要定义一个具有大量神经元的储备池。但是会存在过拟合，也就是说网络将会出现不再具有泛化能力的风险。此外，使用过多的神经元会导致计算时间增加。因此，有必要在精度和计算时间之间达成折中。

2）连接，c，代表储备池中非零值的权重百分比，它的范围是0~1。实际上，为了获得更好的结果，不应将储备池的神经元全部互连。

3）光谱辐射，$\rho（W_{res}）$，可以实现矩阵 W_{res} 缩放。更具体地说，光谱辐射 $\rho（W_{res}）$ 是 W_{res} 的非空元素分布宽度的缩放比例。

4）储备池的泄漏率，α，为储备池的动态更新速度。

除了这些参数之外，还应定义采用的预测算法和储备池的拓扑。这些将在以下各节中进行介绍。

4.4.3 ANFIS 方法的预测结果

该预测模型是使用 ANFIS 开发的，电压的时变信息是其输入值之一。实际上，电压反映了燃料电池性能的衰退。研究人员已通过连续运行（24 小时/7 天）1000 小时的长期测试研究了这种衰减现象。第一部分给出用于建立模型的数据，第二部分给出结构定义，最后给出得到的结果。

4.4.3.1 数据采集和预处理

对两个由五片单体组成的 PEMFCs 进行了长期测试，单体的活性面积为 $220cm^2$。两个 FCs 分别为 FC1、FC2，采用两种不同的测试工况。FC1 的试验工况：在 110A 的恒定电流下运行 1000h，工作温度为 75℃，ASF = 1.5，CSF = 2。FC2 测试工况与 FC1 唯一的区别是将频率为 5kHz 和幅值 $\Delta I = \pm 10\%$ 的动态三角波电流信号作为连续分量叠加到 110A 上。通过 DC/DC 变换器对 FC 进行拉载。使用 FC1 和 FC2 获得的测试结果分别如图 4.29 和图 4.30 所示。

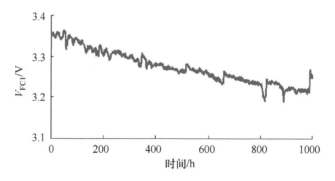

图 4.29 FC1 两端电压的时间变化

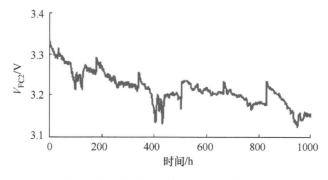

图 4.30 FC2 两端电压的时间变化

记录电压随时间的变化，采样频率 $f_s = 1Hz$，这意味着每个电堆的数据库将由 3600000 个测量点组成。为了避免因过于庞大的数据库使算法的训练时间负担过重，开展了一项以减少训练时间但同时能够保留有关衰退的代表性信息的研究。结果表明，每小时采样一个点是计算时间和预测精度之间的良好折中。

这些测试的其中一个目标是研究 FC 的自然老化。各种干扰都可能导致电堆的性能下降或者恢复，这种性能恢复同燃料电池堆的自然老化应该完全去相关化。这些干扰可能具有不同特性。可能是能够估计 FC 健康状态的简单周期性试验（极化曲线或 EIS），也可能是测试台或设备的意外停止，甚至是 FC 的运行点的偏离。在这些情况下，预测模型很难考虑到这些外部干扰。

因此，建议对时域的电压信号进行滤波，以便获得电堆电压较平滑的信号和仅反映外部干扰分量的信号，这有助于在更长的时间上进行数据预测。图 4.31 是得到的结果。显然，滤波后的电压更适合用作模型的参考电压，特别是在训练阶段。

建立数据库后，应该对模型的架构进行检查。

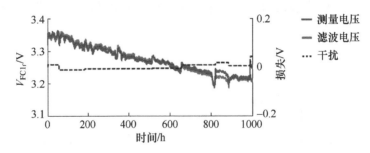

图 4.31　FC1 的参考信号分解为两个分量

4.4.3.2　模型的定义

建立预测模型分为几个阶段。首先，必须选择合适的输入/输出；然后训练以获得预测结果；最后应评估性能和结果相关性。

模型的输入为 N 维数组，包括当前值和用 $u(t)$ 表示的时间序列的 $N-1$ 个回归量，还应将电压的下降考虑在内（式 [4.7]）。图 4.32 所示为具有 5 个输入、1 个输出和 3 个回归量的结构：

$$\hat{u}(t+\beta) - u(t) = F[u(t) - u(t-(N-1)\alpha), \cdots, u(t) - u(t-\alpha)] \qquad [4.7]$$

式中，α 是每个回归变量之间的时间；β 是当前值和预测值之间的时间间隔。

与第 4.3.3 节中的诊断算法训练相似，可用的数据库分为训练库和验证库。

因此，第一组观测值用于训练，第二组观测值用于验证预测值，N 步预测是通过迭代方法来实现的。这种方法使用了经过调整的特有的模型，进行"一步超前预测"估计

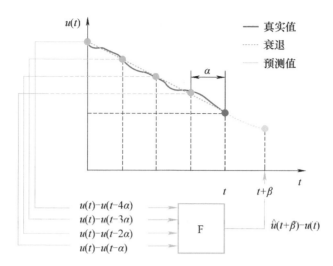

图 4.32　预测模型的输入/输出结构

$\hat{u}_{t+1}$。估计值用作模型的自变量，以便及时估计未来的输出。重复该操作，直到估计的信号值达到预测的水平 $\hat{u}_{t+H}$。这种方法的主要缺点是误差传递，其精度随着预测时间长度的增加而降低。

　　与 ANFIS 模型耦合的迭代结构似乎是一种不错的方法。然而，这种方法难点是需要定义规则参数集，以兼顾计算时间和精度。

　　为了提供响应元素，为所涉及的预测结构定义了几组参数（见表4.7），下一节将给出参数的最佳结果。

表 4.7　模型参数

控制参数	值
输入数量	$N \in [3,5]$
输出数量	1
MF 类型	高斯
MFs 数量	$MF \in [2,10]$
训练数据	$trn_{data} \in [100,800]$
数值之间的时间间隔	$\alpha \in [1,20]$

4.4.3.3　仿真结果

　　通过量化预测的性能来对获得的结果进行研究。为此，需要使用标准的统计准则。例如均方根误差（RMSE，式［4.8］）、平均绝对百分比误差（MAPE，式［4.9］）和测定系数（R^2，式［4.10］）。

$$RMSE = \sqrt{\frac{1}{m}\sum_{i=1}^{m}(\hat{y}_i - y_i)^2} \qquad [4.8]$$

$$MAPE = \frac{1}{m}\sum_{i=1}^{m}\frac{|\hat{y}_i - y_i|}{|y_i|} \times 100 \qquad [4.9]$$

$$R^2 = 1 - \frac{\sum_{i=1}^{m}(\hat{y}_i - y_i)^2}{\sum_{i=1}^{m}(\hat{y}_i - \overline{y}_i)^2} \qquad [4.10]$$

式中，$\hat{y}_i$ 是期望值；y_i 是真实值；$\overline{y}_i$ 是观测值的平均值；m 是观测值的数量。

RMSE 和 MAPE 的值必须接近零，而接近单位值的确定系数表明预测模型调整得很好。

图 4.33~图 4.36 显示的是用以下参数集得到的最佳预测结果：V_{FC1} 的 $N=4$，MF $=3$，$\alpha=3$；V_{FC1_f} 的 $N=4$，MF $=3$，$\alpha=4$；V_{FC2} 的 $N=4$，MF $=2$，$\alpha=11$；V_{FC2_f} 的 $N=4$，MF $=2$，$\alpha=3$。在训练阶段，使用的数据是 $t0=0h$ 至 $t1=500h$ 的整个 $H=500h$ 的预测范围。

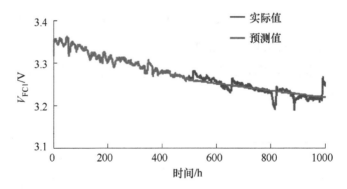

图 4.33　FC1 的预测结果

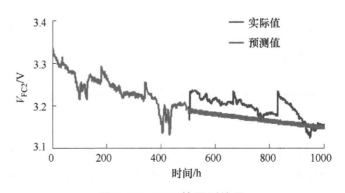

图 4.34　FC2 的预测结果

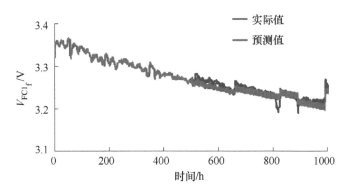

图 4.35　经过输入电压滤波后的 FC1 预测结果

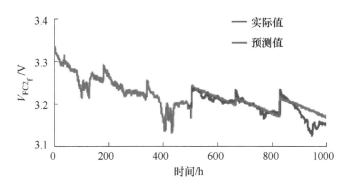

图 4.36　经过输入电压滤波后的 FC2 预测结果

　　仿真结果（图 4.33~图 4.36 和表 4.8）表明，该模型可以很好地描述 PEMFC 衰退的变化。通过数据的预处理可以获得更准确的预测结果（图 4.35 和图 4.36）。预测结果的准确度很大程度上取决于训练阶段的参数初始化和模型参数。虽然使用四个或五个回归量和三个隶属函数可以获得更好的结果，但是很难得出关于 α 值和预测时长 H 的结论。参数敏感性研究表明，α 值受时间常数和系统性能衰减影响很大。实际上，为了避免信号中的信息丢失或因数据过多而增加计算时间，需要保证采样质量。至于预测范围，则取决于训练数据的质量和数量。

表 4.8　预测的结果

被预测信号	RMSE	MAPE	R^2	计算时间/s[①]
V_{FC1}	0.0123	0.281	0.535	1
V_{FC1_f}	0.01	0.2455	0.8891	3.15
V_{FC2}	0.0217	0.5625	0.2757	0.144
V_{FC2_f}	0.0134	0.3165	0.9177	2.146

① 使用 Intel CoreTMi5-2500 CPU @ 3.3GHz 处理器获得的计算时间。

对于实时嵌入式应用，兼顾计算时间和计算精度是很重要的。使用此模型得出的第一个结论是，除非使用大量的训练数据，否则针对长期的预测是不可能的。

尽管此方法看起来很有意义并且能得到很好的结果，但还是希望能够使用更少的训练数据来得到更好的性能，并能够预测由于动态电流变化引起的性能衰退。下一节将使用基于 ESN 的方法讨论该问题。

4.4.4　基于 ESN 方法的预测结果[MOR 15a]

Simon Morando 论文中的研究工作是基于数据的故障预测方法，使用的预测工具是一种特定的神经网络架构，即储备池计算。迄今为止得到的结果比较好，可以通过电池电压预测 FC 寿命且误差低于 5%。

首先，介绍网络训练所需的数据，然后详细介绍结构的设计及其参数的优化，最后介绍使用此方法获得的预测结果。

4.4.4.1　数据库的选择

用于 ESNs 方法的数据库来自两个项目：一个是参考 Burgundy Franche-Comté（UBFC）的 PHM-FC 区域项目，这个项目可以使我们能够在恒定负载下对 PEMFC 进行长期试验；另一个是欧洲 SAPPHIRE 项目，这个项目给我们提供了动态载荷工况下产生的衰退数据。接下来将介绍电压随时间的变化以及可以定义 FC 健康状态的几个特征。

UBFC PHM-FC 区域项目中进行的测试是 FC 在恒定负载工况下（电流密度为 $0.6A/cm^2$）的电压随时间的变化，并且每 168h 测量一次准稳态和动态特性（极化曲线 $U(I)$+EIS）。该测试可以使得我们能够观察到 PEMFC 的自然老化，该 PEMFC 的五个单体的活性面积为 $100cm^2$，结果如图 4.37 所示。值得注意的是，大约在 1700h 的时候出现设备中断，迫使我们修改工作参数来保持可接受的总电压值。

在图 4.37 中可以看到许多电压跳变，它们对应于每周的特征测试（图 4.38 和图 4.39）。为了避免使网络预测产生偏差，可以手动将这些电压跳变点删除（图 4.40）。

接下来，为了使数据库信息更丰富，将五个单体电压视为五个具有相同特征的单电池经受相同的工况。为了对数据进行训练，使用四个单体电压求平均值来预测第五个单体的变化。

欧洲 SAPPHIRE 项目的目标之一是探寻 PEMFC 在动态电流工况下的电压随时间的变化情况，这是一个固定式应用场景下的 24h 的工况曲线（图 4.41）。每天重复执行此工况曲线 10 次，累积超过 2000h。图 4.42 所示是试验 600h 后获得的结果。

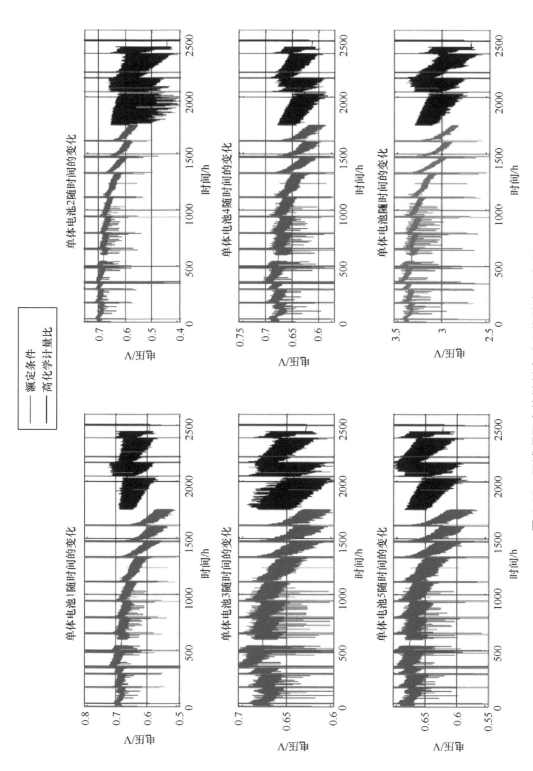

图 4. 37 区域项目中的燃料电池和堆的电压变化

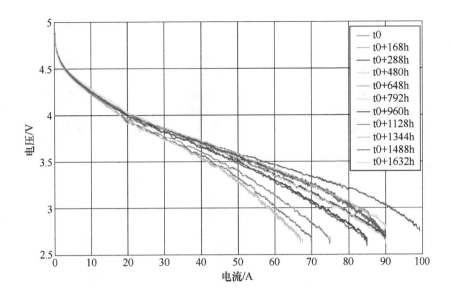

图 4.38　生命周期不同时间点的极化曲线

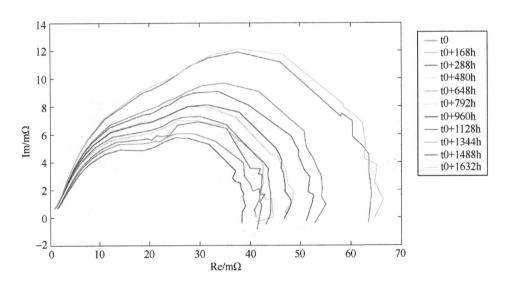

图 4.39　生命周期不同时间点的电化学阻抗谱曲线

　　与区域项目相似，每 168h 进行一次特性表征测试，结果如图 4.43 和图 4.44 所示。

　　总之，将使用两个数据库来训练和验证接下来的模型：

1）使用恒定负载运行超过 1700h 的数据库。

2）使用动态负载每天重复 10 次，持续 600h 的另一个数据库。

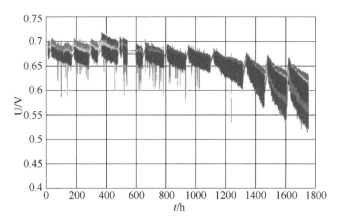

图 4.40　滤波后燃料电池单体电压的变化

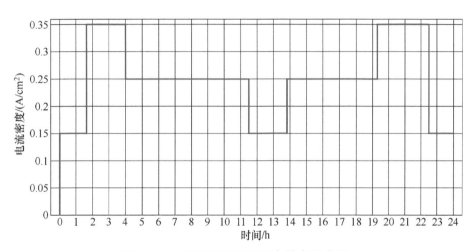

图 4.41　SAPPHIRE 项目中的电流曲线

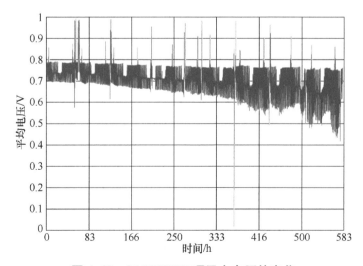

图 4.42　SAPPHIRE 项目中电压的变化

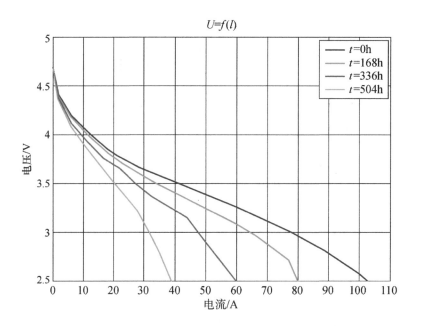

图 4.43　生命周期不同时间点的极化曲线

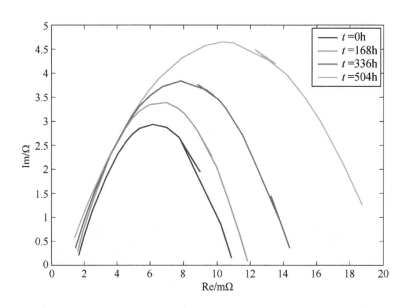

图 4.44　生命周期不同时间点（前 500h）的电化学阻抗谱曲线

对于第一个数据库，相关的模型使用三个输入：三个电压回归量 $u(t)$、$u(t-1)$、$u(t-2)$，一个指示表征的布尔运算符和以小时为单位的时间，采样时间为 1h。

对于第二个数据库，模型也使用三个输入：电压的三个回归量 $u(t)$、$u(t-1)$、$u(t-2)$，电流曲线和以小时为单位的时间，采样时间为 10min。

最后，由于不同的数据的刻度范围不同（电压从 0~1.2V，时间从 0~1700h），因此需要对它们在 0~1 之间实现归一化，从而使其对训练产生相同的影响。

以下部分介绍了构建和参数化模型的各个阶段，以及相应得到的结果。

4.4.4.2 模型构建和参数化

第一步是要确定预测的结构。可以使用的结构很多，包括直接结构（图 4.45a）、并行结构（图 4.45b）和迭代结构（图 4.45c）。直接结构和并行结构可以用于短期和中期预测。直接结构是一个独特的模型，能够为给定的预测时间范围（h）提供结果，但是其实施会很困难。另外，在时刻 t 和 $t+h$ 之间无法取得预测信息。

并行结构只使用一种模型就可以为多个预测范围提供结果。实际上，并行结构可获取从 t 时刻到 $t+h$ 时刻的所有预测，可以缩短执行时间。

但是，通过对这两种结构进行预测分析后，发现它们不适合我们的研究。因为只有当预测范围在 10h 以内，它们的预测误差才比较小。显然，这个时间对于 FC 的有效维护来说太局限了。

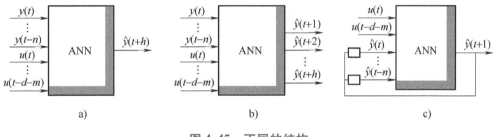

图 4.45 不同的结构

尽管迭代结构的精度较低，但它可以扩大预测范围。实际上，迭代结构是基于 $t+1$ 直接预测结构基础上重建的预测模型。使用该模型的原理是将获得的预测结果用作新的输入点，而不是使用已知值作为输入值。重复执行此操作，直到达到预期的预测范围。因为使用估计值而不是实际值作为输入，所以这种方法会有预测误差累积的问题。对于因燃料电池特征测试而导致的每次性能恢复来说，这可能会带来很大的问题。实际上，通过使用迭代结构，ECN 将不可能知道特征测试何时发生。因此，除了模型输入处的电压回归量外，还有一个布尔输入量，每增加一次特征测试（每 168h $U(I)$+EIS），其输入状态 0 就会变为状态 1。这样就考虑到因特征测试而导致的性能恢复的情况，并且不会产生太多可能导致模型发散的重大误差。

总之，以下部分将使用以电压回归量作为输入、指示表征的布尔运算符和以小时为单位的时间的迭代结构。

当预测结构选定后，使用正确的参数化模型是非常重要的。如上一章节的内容所述，ESNs 是具有"储备池"的神经网络，而且储备池的结构有很多种（随机储备池、延迟储备池、简单循环储备池、带反馈的延迟储备池或带反馈的简单储备池）。因此，如何选择测精确度最高的储备池很重要。此外，第 4.4.2.2 节介绍了要优化的各个 ESN 的参数。为了实现这个任务，提出了一种自动优化的 ESNs 算法。

第一步，我们采用了 ANOVA（方差分析）方法对系统进行了参数敏感性研究，以确定每个特定参数对于 ESN 结果和储备池选择的影响。

第二步，ESN 参数的优化首先要依靠遗传算法，然后使用 Hurst 系数[HUR 50, MOR 15b, MOR 17]。

方差分析方法，由 Taguchi[FOW 95] 在 20 世纪 50 年代提出，是统计模型和程序的结合。该方法可以同时比较几种模型以确定变量之间的重要关系。换句话说，该方法能够根据经验计划获得每个参数的影响。

初步研究表明对预测结果影响最大的参数是储备池矩阵的光谱半径 $\rho(W_{res})$。频谱半径定义了权重的尺度，即两个神经元之间传递信息的重要性。因此，该参数不能与储备池中神经元的数量分离。这使得神经元数量与频谱半径之间形成重要的相互作用，从而形成对预测结果影响第二大的参数（$N/\rho(W_{res})$）。最后，对预测结果影响第三大的参数是神经元数量 N。因此，频谱半径和神经元数量是获得高性能模型的关键参数。

另外，如前面提到的，储备池的结构也有不同形式。ANOVA 的第二项研究综合了三个参数，即 $\rho(W_{res})$、N 和储备池结构，结果表明影响最大的参数是频谱半径，排在第二位的储备池结构，神经元数 N 的影响排在最后。

以上研究结果使我们能够针对这三个参数进行优化。第一种优化依靠遗传算法（GA），该算法参考了多个项目中电堆电压随时间变化的数据。GAs 定义了一个随机储备池和 50 个神经元的结构，这些参数能够提供精确度最高的预测结果。这项研究确定了回归变量数目应为三个。然而，光谱半径的选择很困难，因为光谱半径会随研究信号的变化而变化，尤其在信号发生突变时。该方法对于储备池结构和神经元数量的选择似乎是有效的。因此可以将这两个参数设置为上面给出的值。不论所研究信号是什么都应找到一个折中方案，从而确定最佳的光谱半径。

为此，本文提出了一种基于 Hurst 系数与光谱辐射类比的具有创新性研究方法，Hurst 系数是一个数学量，能够检测一个时间序列的长期记忆效应[HUR 50]；因此，可以将其与储备池的光谱辐射联系起来。

在第一阶段优化中重新使用基于预测信号的 GAs 确定的光谱半径值。对每个被研究的信号计算 Hurst 系数，结果表明光谱辐射与被研究信号的长期记忆有关。这样就可以定义一个光谱半径为 Hurst 系数函数的回归方程。换句话说，计算所研究信号的 Hurst 系数就可以确定光谱半径。

确定最优参数之后，下一步就要实现 PEMFC 性能变化的长期预测。接下来的部分将详细介绍利用刚刚建立的模型获得的仿真结果。

4.4.4.3 仿真结果

首先，给出了基于 PHM-FC 区域项目中恒定负载工况下数据的训练结果。在图 4.46 中，训练的数据是基于 1、2、3 和 5 号单体的平均电压，训练时间为 1700h。4 号单体的前 100h 的数据也被添加到训练中，以便向模型提供要预测的电压的第一批点。

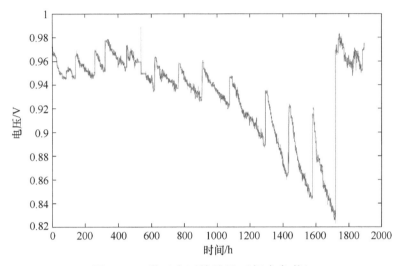

图 4.46　学习序列的结果（恒定负载）

为了更好地估计模型的性能，采用了"K-fold"交叉验证方法。这种方法将数据库分为 k 个子集。在每次迭代中，选取其中一个 k 子集用作测试数据库，而将其他 k-1 个子集连接起来形成训练数据库。

通过该方法得到的 4 号单体电压的预测结果如图 4.47 所示。其中的紫色线对应于 PEMFC 的性能损失为 10%。该阈值是由美国能源部（DOE）定义的 PEMFC 在交通运输领域的应用寿命终止线，该值作为研究工作中的参考值，用来确定在工作条件没有改变的情况下，PEMFC 不能再响应预期负载的时刻。

蓝色线对应单体电压变化的实际值，其与上述 PEMFC 性能下降 10% 的限值线的交点出现在 $t=1271\text{h}$，此值对应于 RUL 的实际值。红色线为单体电压变化的估计值，它与 PEMFC 性能下降 10% 的限值线的交点出现在 $t=1260\text{h}$，此值对应于 RUL 的估计值。因此，可以计算出 RUL 的估计值与实际值之间的差值为 $|\text{RUL}-\widehat{\text{RUL}}|=11\text{h}$。然后定期重复该操作（每 85h 或数据的 5%）。RUL 的实际值和估计值如图 4.48 所示。

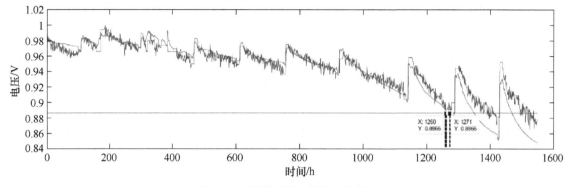

图 4.47 预测结果（恒定负载）

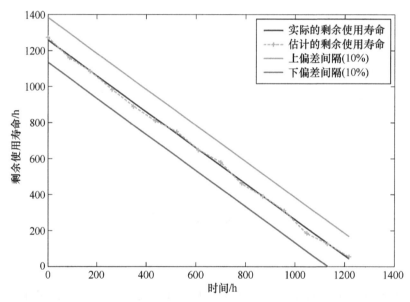

图 4.48 在燃料电池的整个使用寿命内（恒定负载）估算剩余使用寿命（RUL）

该结果非常有意义，得到的 RUL 的估计值非常接近真实值，达到了预期目的。通过这种方法，可以建立更优的维护操作方案，从而提高 FC 的使用寿命。值得注意的是这里仅仅给出了精度较高的结果，并且该结果在很大程度上取决于训练数据库的选择和模型的参数化。

此外，获得的结果是基于恒定负载工况下得出的，现在的重点是动态负载下的电压预测。

SAPPHIRE 项目提供了动态负载下用于训练和测试的数据，使用 3 号单体进行实验预测。该模型与先前使用的模型相同，唯一的区别是动态负载下的电压被作为输入数据。预测结果精度也很高，平均绝对百分比误差（MAPE）为 3.3%（图 4.49）。因此，该模型具有预测 FC 在动态负载下电压随时间变化的能力。值得注意的是，RUL

的估计值被证明是复杂的，因此很难定义该阈值。关于这一点，将会在结论部分进行讨论。

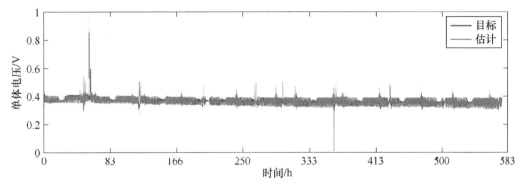

图 4.49　预测结果（动态负载）

此外，使用该方法需要获得当前曲线的先验知识，这可能不适用于某些应用。并且，此方法还需要使用 FC 寿命试验得到的数据库进行预测。为了解决这个问题，我们在下面一节提出了一种新的预测算法。

4.4.4.4　进一步的预测结果

本小节着重介绍一种新的预测算法，该算法也是基于 ECNs，但其特点是通过 Hurst 系数和小波变换对研究的信号进行滤波。为了尽可能独立于所实施的测试方法，需要对预测过程中的信号进行滤波。

该新算法分两个阶段执行（图 4.50）。第一阶段使用小波和 Hurst 系数相结合的方法，第二阶段实现其预测功能。

该算法将信号分解为近似部分和细节部分。

这种分解与 Hurst 系数相关，Hurst 系数是

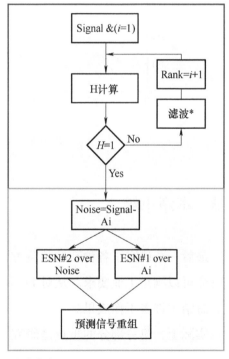

*小波滤波

图 4.50　一种新的预测算法

根据研究的信号进行计算的。当 Hurst 系数 H<1 时，信号呈现出很强的动态变化，就可以重复进行小波分解。然后，使用两个 ECNs 来预测近似部分和细节部分。这两个信号的叠加提供了预测电压的时间信号。

预测结果如图 4.51 所示。得到的误差很小，在完整的重组信号上 MAPE 为 0.97%。

这些结果很有意义，能够在仅考虑自然老化的动态负载工况下正确的评估 PEMFC 的老化。并且通过这种方法比之前使用的方法获得的结果要好。值得注意的是，这里提出的算法仅需要信号前 340h 的数据，这意味着训练所需的数据量减少了 5 倍。

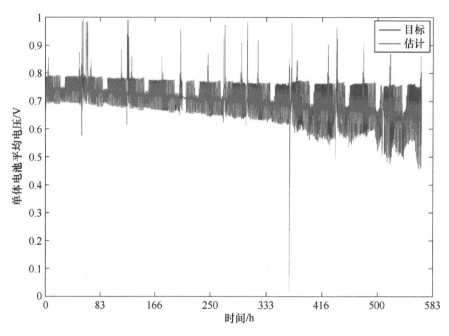

图 4.51　基于小波算法的预测结果

4.5　本章小结

最后一章研究了各种新的预测方法，这些方法将有利于实现更可靠的 FC 系统，使其寿命可以满足工业要求。从对 FC 及其系统的衰退研究到通过诊断进行寿命预测的研究，总结了许多工作成果。

实际上，第一部分的重点是研究 FC 的衰退机制以及控制它们的重要性，以便建立合适的故障诊断方法或对其 RUL 进行精确的预测。

因此，Elodie Pahon 的论文和 ANR DIAPASON2 项目使得开发两种基于数据的 PEMFC 诊断方法成为可能。第一种诊断方法是对从电化学阻抗谱中提取的数据进行受控分类，用于燃料电池系统故障的诊断及其老化程度的估计。另一种诊断方法是通过研究电压信号中包含的能量信息来检测故障并评估长期测试中的衰退现象。这两种方法都需要建立针对特定需求的涉及数千小时的大型数据库。

基于 k 最近邻算法的方法实现了 FC 系统中可能发生的各种故障的诊断，分类正确率可以达到90%。

基于小波变换与能量指标相结合的第二种方法实现了 FC 的健康状态的估算。尤其是可以根据阴极或冷却回路故障来区分不同的健康状态。

这些研究工作所产生的结果是高质量的而且视角开阔，这在本章的最后部分进行了阐述。

第二部分的重点是 FC 系统的故障预测。为此，参考了 Rosa-Elvira Sanchez 和 Simon Morando 论文，以及 ANR PROPICE 区域项目和 SAPPHIRE European 项目。

首先基于 ANFIS 模型开发了可预测电压随时间变化的初始模型，该模型的优点是无需理论模型。这种基于系统行为学习能力的方法为实时应用提供了良好的预测性能和可接受的计算时间，然而这种模型需要大量的训练数据库。

为了减少模型构建所需的数据量并获得更准确的结果，在 Simon Morando 的论文研究中提出了更进一步的方法：依然采用神经网络，但具有储备池。这是一种特定的神经网络，主要特征是对动态神经元储备池的使用。其训练算法相对简单，只需要优化储备池的输出权值。

通过结合回声状态网络、遗传算法甚至小波变换的方法，目前已经获得很多有用的结果，可以对燃料电池寿命内的电池电压进行预测，且误差低于10%。此外，通过燃料电池单体电压来预测使用寿命，必须要获得燃料电池前200h的电压变化。最后，给出了剩余使用寿命（RUL）的估计值，这很可能是 FCs 基于 ESN 的 PHM 突破性成果。

总结和结论

如今，能源转型和全球变暖之类的词汇已成为我们日常词汇的一部分。能源领域的研究人员应以"展望2020"计划目标为基础，为短期和中期能源供应提出持久的解决方案。特别是对于燃料电池而言，氢已经被证明是未来能源结构中的一种选择。

本书主要介绍在燃料电池，其中质子交换膜燃料电池技术为交通运输和固定应用提供了新的方向。然而，为了提高行业发展水平，目前仍有许多技术和科学领域有待探索。本书对这些挑战均进行了描述，同时也提出了一些相应的解决方案，使这些技术可在短期内提高可靠性。本书主要探讨了三个问题：第一个是燃料电池系统及其应用问题（第2章）；第二个是燃料电池发电机的混合动力问题（第3章）；最后一个是燃料电池的诊断和预测问题（第4章）。

首先，第1章概述了当前的能源状况，强调目前的能源模式已经过时，例如，2010年，全球一次能源的80%来自化石能源，二氧化碳排放量达到30亿t。目前，已经有很多解决方案能够实现能源脱碳，其中一个解决方案就是氢能载体，尤其是与燃料电池联用时，在多种应用中都具有很多优势。在交通运输应用中，燃料电池的能量效率比内燃机或传统的能量转换系统的效率高，且无污染排放、噪声小。但是在大规模应用中，燃料电池的成本相对较高（1000＄/kW），使用寿命短，因此在实际应用中的系统整体效率较低。

当然，根据问题难易程度的不同，一些难点可以在短期或中期得到解决。例如，当燃料电池批量生产时，其成本将会显著降低。与此同时，燃料电池的使用寿命也会相对延长。由于燃料电池没有旋转部件，如果能正确地进行预防和维护操作，可以延长燃料电池的使用寿命，比如在交通运输应用中达到5000h以上、在固定应用中达到80000h以上。

燃料电池是一种复杂的电化学发电装置，具有多物理场（电、流体、电化学、热、机械等）和多尺度（时间、空间）的特点。要对其进行研究，首先要充分理解燃料电池的操作条件以及其辅助系统。因此，第 2 章介绍了各种燃料电池技术，着重介绍了质子交换膜燃料电池（PEMFC）和固体氧化物燃料电池（SOFC），并展示了其系统的组成以及各种性质的相互作用。对燃料电池系统的组件，特别是空气压缩机进行优化，可以提高整体效率，确保更好的系统动态性。本章的另一个重要部分是介绍了研究团队使用的测试方法，展示了两个完全由作者团队设计、开发和测试的测试平台。除其他功能外，还可以对所研究燃料电池的静态或动态性能进行详细表征，这有助于读者深入理解多物理场和多尺度的燃料电池。不仅如此，通过这些测试平台，还建立了从单个发电机到包括各个组件的完整系统模型，以满足各种需求，特别是通过制定合适的控制策略满足整个系统的能量优化。而第 4 章中介绍的所有基于数据的诊断和预测方法也是通过这些测试平台完成的。总体而言，本章主要介绍了基于燃料电池及其系统所开展的研究。

由于交通运输应用中的高动态性会导致燃料电池电堆的衰减，因此第 3 章主要讨论了混合动力技术，并提出了两种研究方案。在每种方案中，制定和实施智能能源管理策略都是作者团队研究的核心。

在燃料电池、电池和超级电容器组成的重型 ECCE 车辆开展的研究工作中，作者团队已经研究并实现了能源管理的数学方法和人工智能工具，具体包括小波变换、自回归差分移动平均（ARIMA）模型和基于神经网络的非线性自回归神经网络（NARNN）。能源管理旨在根据车辆的能源特性，尤其是各个能源的频率范围，将车辆的动力需求分配给各种能源。这种方法可以忽略能源的动态性，并确保整个任务中每个能源能够最优运行。通过小波变换可以识别出各种组成功率需求信号的频率范围，并将其分配到相应的能源中（低频到燃料电池、中频到动力蓄电池以及高频到超级电容器）。但是，这种方法需要预先了解功率信号，但这对于实时应用是不可能实现的。为了解决这个问题，我们采用了时间序列进行建模和预测的方法。对于自适应 ARIMA 模型，在相对较长的预测范围内，预测误差和执行时间方面都有较好的结果，而对于 NARNN 自适应模型，可以缩短执行时间，并为短期预测提供出色的结果。这两种算法通过使用先前的混合动力车辆的功率需求单变量信号数据，获得了比较好的结果。此外，这些算法的使用可以减缓混合动力系统部件的损耗，从而延长燃料电池发电机的寿命。

在第二个研究案例中，对电池、超级电容器和内燃机组成的混合动力机车进行了能源管理。该方案是通过使用 Type-2 模糊控制器实现的，且其参数已通过遗传算法进行了优化，具有高性能、实时性、鲁棒性的和自适应性等特点，并考虑了组件和嵌入式能源的物理特性，因此不需要预先了解工况曲线。这是同类研究中首次提出通过遗传算法对混合动力电动汽车进行 Type-2 模糊逻辑优化。除了遵守制造商在能耗和电池及超级电容器的充电状态方面规定的要求外，通过使用人工智能算法，也延长了电池的使用寿命。

因此，本章针对各种应用开发的方法，借助数学工具和人工智能算法实现能源的混合化，使得延长电化学发电机寿命成为可能。第 4 章中，建议使用这两种工具来开发燃料电池的诊断和预测工具。

在本书的第 4 章中，作者讨论了两个技术挑战性难题，即燃料电池的可靠性和使用寿命预测。相关工具已经应用于实际系统，并测试成功，在燃料电池诊断方面取得了很好的结果。燃料电池的预测将根据学科基础进一步探讨。事实证明，作者团队所开发的方法在可靠性方面具有较好的应用前景。

作为研究的第一步，作者团队已经提出了在燃料电池系统可能发生故障之前的燃料电池衰减机制。这项研究能够评估系统故障对燃料电池堆性能损失的影响。通过测试台模拟故障，例如空气不足、冷却和短路，从而评估它们对燃料电池性能的影响。这些工作的主要目的是建立与分类算法结合的数据库，用于进行故障诊断。为了最好地表示系统的状态，作者团队在故障发生之前或之后获取了电化学阻抗谱，并识别出了不同的描述符。采用监督分类算法（k 最近邻算法）与交叉验证方法（留一法）相关联可获得85%~90%的正确分类率，估计燃料电池的衰减情况。最后，利用小波变换与能量指标相结合的方法进行了健康状态的估计，得到了不错的结果，这将在以后进一步讨论。值得一提的是，这些算法能够兼容实时应用，并且在 ANR DIAPASON2 项目的框架内完成的。从未来系统的可维护性的角度来看，这对于燃料电池的诊断是必不可少的过程。诊断不仅可以提高操作可靠性，还可以延长其使用寿命。因此，在燃料电池系统损坏之前，有必要对导致燃料电池衰减的故障进行快速检测和精确定位。

在关于燃料电池预测的研究中，作者团队设计并实现了用于预测质子交换膜燃料电池系统衰减的模型。使用面向数据的方法，通过燃料电池测量电压来预测系统的性能。预测系统的结构依赖于自适应神经模糊推理系统（ANFIS），这是一种平滑且自适应的方法。更准确地说，这种方法不需要物理建模，因此易于实现。该方法还具有学习系统性能的能力，并且具有良好的预测性能，可以减少预测时间。此外，由于其计算时间短，此方法非常适合实时应用。尽管第一种方法表现出良好的前景，但其无法预测燃料电池剩余的使用寿命。

因此，作者团队开发了一种以神经网络系统为中心的新方法——回声状态网络。该方法将算法的复杂性替换为结构的复杂性，从而使训练阶段比传统神经网络更快。但是，优化回声状态网络的构建仍然是一项技术挑战，需要用户根据所研究的问题定义回声状态网络的结构和参数。随后，作者团队提出了一种自动优化回声状态网络参数的新方法，该方法依赖于遗传算法和赫斯特系数的使用。借助这种方法，只需要依靠一些训练数据，就可以预测燃料电池在整个生命周期内的电压变化。此外，与实际剩余使用寿命相比，这种方法在燃料电池寿命的每个时间点预估的剩余使用寿命的误差都低于10%。因此，可以建立更优化的维护操作计划，延长燃料电池的使用寿命。这项研究还表明，使用回声状态网络作为预测工具是可靠的，并且回声状态网络在燃料电池预测与健康管理的应用属于全球首创。

最后，作者团队对燃料电池预测的相关工作进行了总结，能够使用从实际燃料电池系统获得的短期原始数据来确定剩余使用寿命的目标已部分实现。由于目前预测工作高度依赖于训练数据库的选择，因此需要提高燃料电池估计的可靠性。这也要求科研人员开发一种面向数据的通用方法。在对燃料电池所涉及现象缺乏了解的情况下，面向数据的预测似乎是最可靠的方法。

此外，如果没有实验平台的数据，就无法实现所有研究开发。尽管开发试验台本身不是一个科学研究课题，但这为研究工作带来的附加价值是显而易见的。在此感谢CNRS FCLAB 研究联盟和 FEMTO-ST 研究所的工程师、博士生和博士后在利用测试平台进行研究方面长达 15 年以上的研究工作。

参考文献

[ADD 02] ADDISON P.S., *The Illustrated Wavelet Transform Handbook: Introductory Theory and Applications in Science, Engineering, Medicine and Finance*, Institute of Physics Publishing, London, 2002.

[ADE 16] ADEME, Gestion des réseaux par l'injection d'hydrogène pour décarboner les énergies: vecteur hydrogène, available at: www.ademe.fr/invest-avenir, 2016.

[AFH 18] AFHYPAC, Production d'hydrogène par électrolyse de l'eau, Memento de l'hydrogène fiche 3.2.1, available at: http://www.afhypac.org/documents/tout-savoir/Fiche%203.2.1%20-%20Electrolyse%20de%20l%27eau%20rev%20%20Janv.%202018-2%20ThA.pdf, 2018.

[AFN 88] AFNOR, Maintenance industrielle, Recueil de normes françaises, 1988.

[AGB 11] AGBLI K., PÉRA M., HISSEL D. *et al.*, "Multiphysics simulation of a PEM electrolyser: Energetic macroscopic representation approach", *International Journal of Hydrogen Energy*, vol. 36, no. 2, pp. 1382–1398, 2011.

[AKL 08] AKLI C.A., Conception systèmique d'une locomotive hybride de démonstration et d'investigations en énergetique LHyDIE développée par la SNCF, PhD thesis, Institut National Polytechnique de Toulouse, 2008.

[ALL 10] ALLÈGRE A.L., Méthodologies de modélisation et de gestion de l'énergie de stockage mixtes pour véhicules électriques et hybrides, PhD thesis, Université de Lille 1, 2010.

[ALL 11] ALLAF O., KADER S.A., "Nonlinear autoregressive neural network model for estimation soil temperature: A comparision of different optimization neural networl algorithms", *IEEE International Conference on Industrial Technology*, Auburn, USA, vol. 143, 2011.

[ANR 10] ANR, "Investigations and characterization and development of compressor for FC systems with powers above 10 kW - ICARE CSP", available at: http://www.agence-nationale-recherche.fr/Projet-ANR-08-PANH-0010, 2010.

Hybridization, Diagnostic and Prognostic of Proton Exchange Membrane Fuel Cells: Durability and Reliability, First Edition. Samir Jemeï.
© ISTE Ltd 2018. Published by ISTE Ltd and John Wiley & Sons, Inc.

[ANR 14] ANR, Project DIAPASON2, available at: http://www.agence-nationalerecherche.fr/?Projet=ANR-10-HPAC-0002, 2011–2014.

[AYA 04] AYAD M-Y., Mise en oeuvre des supercondensateurs dans les sources hybrides Continues, PhD thesis, electrical engineering, Institut national polytechnique de Lorraine, available at: http://www.green.uhp-nancy.fr, 2004.

[BAD 13] BADIN F. *et al.*, *Le stockage de l'énergie*, edited by ODRU P., collection UniverSciences, Dunod, Paris, 2013.

[BAE 12a] BAERT J., JEMEÏ S., CHAMAGNE D. *et al.*, "Energetic macroscopic representation of a naturally-aspirated engine coupled to a salient pole synchronous machine", *IFAC-PPPSC 2012*, Toulouse, France, pp. 1–6, 2012.

[BAE 12b] BAERT J., JEMEÏ S., CHAMAGNE D. *et al.*, "Modeling and energy management strategies of a hybrid electric locomotive", *IEEE Vehicle Power and Propulsion Conference (VPPC)*, Seoul, South Korea, 9–12 October 2012.

[BAE 13a] BAERT J., Hybrid electric locomotives: contributions to modelling and type-2 fuzzy logic energy management Strategy, PhD thesis, Université de Franche-Comté, 2013.

[BAE 13b] BAERT J., Gestion d'énergie pour locomotive électrique hybride basée sur la logique floue d'ordre 2 par approche génétique évolutionnaire, *JCGE*, 2013.

[BAE 14] BAERT J., JEMEÏ S., HISSEL D. *et al.*, "Energetic macroscopic representation and optimal fuzzy logic energy characterization of nickel-cadmium battery cells", *EPE Journal*, 2014.

[BAR 13] BARBIR F., *PEM Fuel Cells, Theory and Practice*, 2nd edition, Elsevier Ltd, 2013.

[BEN 94] BENGIO Y., SIMARD P., FRASCONI P., "Learning long-term dependencies with gradient is difficult", *IEEE Transaction on Neural Network*, vol. 5, pp. 157–166, 1994.

[BEN 04] BENTOUMI M., Outils pour la détection et la classification Application au diagnostic de défauts de surface de rail, PhD thesis, Université Henri Poincaré, Nancy 1, 2004.

[BEN 05] BEN AHMED H., MULTON B., ROBIN G. *et al.*, "Le stockage de l'énergie dans les applications stationnaires", *Revue technologie - Sciences et techniques industrielles*, no. 136, pp. 60–66, March 2005.

[BEN 14a] BENOUIOUA D., CANDUSSO D., HAREL F. *et al.*, "PEMFC stack voltage singularity measurement and fault classification", *International Journal of Hydrogen Energy*, vol. 39, no. 36, pp. 21631–21637, 2014.

[BEN 14b] BENOUIOUA D., CANDUSSO D., HAREL F. *et al.*, "Fuel cell diagnosis method based on multifractal analysis of stack voltage signal", *International Journal of Hydrogen Energy*, vol. 39, no. 5, pp. 2236–2245, 2014.

[BER 14] BERNIER J.C. *et al.*, "Chimie et enjeux énergétique", *EDP Sciences*, 2014.

[BOU 07] BOUDELLAL M., *La pile à combustible: structure, fonctionnement, applications*, Dunod, Paris, 2007.

[BOU 09] BOULON L., Modélisation multiphysique des éléments de stockage et de conversion d'énergie pour les véhicules électriques hybrides. Approche systémique pour la gestion d'énergie, PhD thesis, Université de Franche-Comté, 2009.

[BOX 08] BOX G., JENKINS G., REINSEL G., *Time Series Analysis: Forecasting and Control*, John Wiley and Sons Ltd, 2008.

[BRE 15] BRESSEL M., HILAIRET M., HISSEL D. *et al.*, "Dynamical modeling of Proton Exchange Membrane Fuel Cell and parameters identification", *6th International Conference on Fundamentals & Development of Fuel Cells (FDFC)*, 2015.

[BRO 02] BRODRICK C.J., LIPMAN T., FARSHCHI M. *et al.*, "Evaluation of fuel cell auxiliary power units for heavy-duty diesel trucks", *Journal of Transportation Research, part D7*, pp. 303–315, 2002.

[BRY 11] BRYANT A., MAWBY P., TAVNER P., "An industry-based survey of reliability in power electronic converters", *IEEE Transactions on Industry Applications*, vol. 47, no. 3, pp. 1441–1451, May 2011.

[CAD 14] CADET C., JEMEÏ S., DRUART F. *et al.*, "Diagnostic tools for PEMFCs: From conception to implementation", *International Journal of Hydrogen Energy*, vol. 39, no. 20, pp. 10613–10626, 3 July 2014.

[CAN 07] CANDUSSO D., GLISES R., HISSEL D. *et al.*, "Pile à combustible PEMFC et SOFC. Description et gestion du système", *Techniques de l'Ingénieur*, 2007.

[CAN 13] CANDUSSO D., Contribution à l'expérimentation de générateurs à piles à combustible de type PEM pour les systèmes de transport, HDR, École Normale Supérieure de Cachan, 2013.

[CAR 08] CARTER R., CRUDEN A., "Strategies for control of a battery/supercapacitor system in an electric vehicle", *IEEE, SPEEDAM'08*, Capri, Italy, June 2008.

[CAU 10] CAUX S., HANKACHE W., FADEL M. *et al.*, "On-line fuzzy energy management for hybrid fuel cell systems", *International Journal of Hydrogen Energy*, vol. 35, no. 5, pp. 2134–2143, 2010.

[CEA 07] CEA, Pile à combustible, no. 87, available at: www.cea-technologies.com/articles/article/627/fr, 2007.

[CEA 18] CEA, Liten, available at: http://liten.cea.fr/cea-tech/liten, 2018.

[CHA 07] CHANG P.-C., CHEN S-S., KO Q.H. *et al.*, "A genetic algorithm with injecting artificial chromosomes for single machine scheduling problems", *IEEE Symposium on Computational Intelligence in Scheduling, 2007. SCIS'07*, pp. 1–6, April 2007.

[CHA 10] CHAN C.C., BOUSCAYROL A., CHEN K., "Electric, hybrid, and fuel-cell vehicles: Architectures and modeling", *IEEE Transactions on Vehicular Technology*, vol. 59, no. 2, pp. 589–598, 2010.

[CHA 13] CHATTI N., OULD-BOUAMAMA B., GEHIN A.-L. *et al.*, "Merging bond graph and signed directed graph to improve FDI procedure", *European Control Conference (ECC)*, pp. 1457–1462, 2013.

[CHE 06] CHENDEB M., KHALIL M., DUCHÊNE J., "Methodology of wavelet packet selection for event detection", *Signal Processing*, vol. 86, pp. 3826–3841, 2006.

[CHU 13] CHUJAI P., KERDPROSOP N., KERDPROSOP K., "Time series analysis of houshold electric consumption with ARIMA and ARMA models", in *Proceedings of the International Multi Conference of Engineers and Computer Scientists IMECS 2013*, Hong Kong, vol. 1, 2013.

[ÇÖG 15] ÇÖGENLI M.S., MUKERJEE S., YURTCAN A.B., *Membrane Electrode Assembly with Ultra Low Platinum Loading for Cathode Electrode of PEM Fuel Cell by Using Sputter Deposition, Fuel Cells*, Wiley Online Library, 2015.

[COL 06] COLLIER A., WANG H., ZIYUAN X. *et al.*, "Degradation of polymer electrolyte membranes", *International Journal Hydrogen Energy*, vol. 31, no. 13, pp. 1838–1854, October 2006.

[COM 03] COMMISSION EUROPÉENNE, Hydrogène et Piles à combustible - Une vision pour notre avenir, Rapport final du groupe de haut niveau - Office des publications officielles des Communautés Européennes, EUR 20719FR, ISBN 92-894-6284-1, Luxembourg, 2003.

[DAV 10] DAVAL L., Review on Compressor for FC Systems with Powers above 10 kW, Master Degree Report, University of Franche-Comté, 2010.

[DEV 14a] DEVILLERS N., JEMEÏ S., PÉRA M.C. *et al.*, "Review of characterization methods for supercapacitor modeling", *Journal of Power Sources*, vol. 246, pp. 596–608, 15 January 2014.

[DEV 14b] DEVILLERS N., PERA M.C., JEMEÏ S. *et al.*, "Complementary characterization methods for lithium-Ion polymer secondary battery modeling", *International Journal of Electrical Power & Energy Systems*, vol. 67, pp. 168–178, 2014.

[DOU 05] DOUGLAS H., PILLAY P., "The impact of wavelet selection on transient motor current signature analysis", *IEEE International Conference on Electric Machines and Drives*, San Antonio, 2005.

[DRE 02] DREYFUS G., MARTINEZ J.M., SAMUELIDES M., *Réseaux de neurones: méthodologie et applications*, Eyrolles, 2002.

[DUB 90] DUBUISSON B., *Diagnostic et Reconnaissance des Formes*, Hermès, Paris, 1990.

[ESP 06] ESPANET C., KAUFFMANN J., BERNARD R., "Comparison of two in-wheel permanent magnent motors for military applications", *Vehicle Power and Propulsion Conference VPPC'06, IEEE*, pp. 1–6, 2006.

[EXP 14] EXPLICIT, Schéma directeur pour le développement des énergies issues de sources renouvelables et des déchets, Report, 2014.

[FER 08] FERREIRA A., POMILIO J.A., SPIAZZI G. *et al.*, "Energy management fuzzy logic supervisory for electric vehicle power supplies system", *IEEE, Transaction on Power Electronics*, vol. 23, no. 1, pp. 107–115, January 2008.

[FER 13] FERHOUNE M., Caractérisation des batteries Ni-Cd et vieillissement accéléré pour une application ferroviaire, Master's thesis, Université de Franche-Comté, 2013.

[FOW 95] FOWLKES W.Y., CREVELING C.M., *Engineering Methods for Robust Product Design: Using Taguchi Methods in Technology and Product Development Reading*, Addison-Wesley, MA, 1995.

[FRA 15] FRANCE P.E., MATEO P., *Hydrogène: la transition énergétique en marche!*, Gallimard, 2015.

[FRE 13] FRERIS L., *Les énergies renouvelables pour la production d'électricité*, Dunod, Paris, 2013.

[FRF 14a] FR FCLAB, IEEE PHM data challenge 2014, available at: http://eng. fclab.fr/ieee-phm-2014-data-challenge/, 2014.

[FRF 14b] FR FCLAB, IEEE Prognostic and Health Management data challenge 2014, available at: http://eng.fclab.fr/ieee-phm-2014-data-challenge/, 2014.

[FRI 03] FRIEDE W., Modélisation et caractérisation d'une pile à combustible du type PEM, PhD thesis, Institut national polytechnique de Lorraine, 2003.

[FU 74] FU K.S., *Syntactic Methods in Pattern Recognition*, Academic Press, Inc, New York, 1974.

[GAI 06] GAINES L., SANTINI D., Economic Analysis of Commercial Idling Reduction Technologies, Argonne National Laboratory, available at: http://www. transportation.anl.gov/pdfs/TA/372.pdf, 2006.

[GAO 01] GAO X., OVASKA S., "Soft computing methods in motor fault diagnosis", *Applied Soft Computing*, vol. 1, no. 1, pp. 73–81, June 2001.

[GAO 11] GAO R., YAN R., *Wavelet, Theory and Application of Manufacturing*, Springer US, 2011.

[GAY 10] GAY C., HISSEL D., LANZETTA F. *et al.*, "Energetic macroscopic representation (EMR) of a solid oxide fuel cell (SOFC) for stirling engine combined cycle in high-efficient powertrains", *IEEE VPPC'2010: Vehicle Power and Propulsion*, Lille, France, September 1–3, 2010.

[GOU 15] GOURIVEAU R., Contribution à l'optimisation des processus de prédiction et de classification pour le Prognostics and Health Management; HDR, 2015.

[GRO 39] GROVE W.R., "On voltaic series and the combination of gases by platinum", *The London and Edinburgh Philosophical Magazine and Journal of Science*, vol. 14, no. 86, pp. 127–130, United Kingdom, 1839.

[GUI 09] GUIDI G., UNDELAND T.M., HORI Y., Effectiveness of supercapacitors as power-assist in pure EV using sodium-nickel chloride battery as main energy storage, EVS24, Stavanger, Norway, May 2009.

[HAJ 06] HAJIMIRI M., SALMASI F., "A fuzzy energy management strategy for series hybrid electric vehicle with predictive control and durability extension of the battery", *IEEE Conference on Electric and Hybrid Vehicles, 2006. ICEHV'06*, pp. 1–5, 2006.

[HAM 08] HAMOU MAMAR Z., Analyse temps-échelle et reconnaissance des formes pour le diagnostic du système de guidage d'un tramway sur pneumatiques, PhD thesis, Université Blaise Pascal – Clermont II, July 2008.

[HAM 14] HAMAZ T., Outils de caractérisation et de diagnostic d'une pile à combustible de type PEM par mesure du champ électromagnétique externe, Thesis, Université de Grenoble, November 2014.

[HES 08] HESS A., STECKI J.S., RUDOV-CLARK S.D., "The maintenance aware design environment: Development of an aerospace PHM software tool", *Proceedings PHM08*, 2008.

[HIS 04] HISSEL D., Modélisation, optimisation énergétique et diagnostic de systèmes piles à combustible, HDR, Université de Franche-Comté, 2004.

[HIS 06] HISSEL D., KAUFFMANN J.M., "Fuel cells and their applications in Belfort (France)", *Fuel Cells*, vol. 6, no. 1, pp. 3–3, 2006.

[HIS 07] HISSEL D., CANDUSSO D., HAREL F., "Fuzzy-clustering durability diagnosis of polymer electrolyte fuel cells dedicated to transportation applications", *IEEE Transaction on Vehicular Technology*, vol. 56, no. 5, pp. 2414–2420, 2007.

[HOC 14] HOCHSTEIN A., AHN H.I., LEUNG Y.T. *et al.*, "Switching vector autoregressive models with higher-order regime dynamics", *IEEE PHM Conference 2014*, pp. 1–10, June 2014.

[HOO 03] HOOGERS G., "Automotive applications", in HOOGERS G. (ed.), *Fuel Cell Technology Handbook*, CRC Press, Boca Raton, 2003.

[HUR 50] HURST H.E., DIVISION A.S.O.C.E.H., "Long-term storage capacity of reservoirs", *American Society of Civil Engineers*, 1950.

[IBR 13] IBRAHIM M., Algorithmes de gestion en ligne des flux énergétiques dans les véhicules hybrides électriques, PhD thesis, Université de Franche-Comté, 2013.

[IBR 15a] IBRAHIM M., ANTONI U., YOUSFI STEINER N. *et al.*, "Signal-based diagnostics by wavelet transform for proton exchange membrane fuel cell", *Energy Procedia*, vol. 74, pp. 1508–1516, 2015.

[IBR 15b] IBRAHIM M., JEMEÏ S., YOUSFI STEINER N. *et al.*, "Selection of mother wavelet and decomposition level for energy management in electrical vehicles including a fuel cell", *International Journal of Hydrogen Energy*, vol. 40, no. 45, pp. 15823–15833, June 2015.

[IBR 16] IBRAHIM M., JEMEÏ S., WIMMER G. *et al.*, "Nonlinear autoregressive neural network in an energy management strategy for battery/ultra-capacitor hybrid electrical vehicles", *Electric Power Systems Research*, vol. 136, pp. 262–269, 2016.

[INT 11] INTERNATIONAL ENERGY AGENCY, World Energy Outlook 2011, available at: http://www.iea.org/publications/freepublications/publication/weo-2011.html, 2011.

[INT 12] INTERNATIONAL ENERGY AGENCY, World Energy Outlook 2012, available at: http://www.iea.org/publications/freepublications/publication/world-energy-outlook-2012.html, 2012.

[INT 15] INTERNATIONAL ENERGY AGENCY, Energy and Climate Change, World Energy Outlook Special Report, available at: https://www.iea.org/publications/freepublications/publication/weo-2015-special-report-energy-climate-change.html, 2015.

[ISA 12] ISAR A., "Space-frequency localization as bivariate mother wavelets selecting criterion for hyperanamytic bayesian image denoing", *Fluctuations and Noise Letters*, vol. 11, 2012.

[ISM 05] ISMAIL Z., MAHPOL K., "SARIMA model for forecasting malaysian electricity generated", *IEEE Transactions on Power Systems*, vol. 21, pp. 143–152, 2005.

[ISO 04] ISO13381-1, Condition monitoring and diagnostics of machines prognostics Part 1: General guidelines, International Standard, ISO, 2004.

[ISO 06] ISO13374-2, Condition monitoring and diagnostics of machines – data processing, communication and presentation – part 2: Data processing, International Standard, ISO, 2006.

[JAE 01] JAEGER H., "The "echo state" approach to analysing and training recurrent neural networks, Technical Report GMD 148", *German National Research Center for Information Technology*, 2001.

[JAE 02] JAEGER H., "Tutorial on training recurrent neural networks, covering BPPT, RTRL, EKF and the echo state network approach, Technical report". *GMD—German National Research Institute for Computer Science*, 2002.

[JAE 03] JAEGER H., "Adaptive nonlinear system identification with Echo State Networks", in BECKER S., THRUN S., OBERMAYER K. (eds), *Advances in Neural Information Processing Systems*, vol. 15, pp. 609–616, MIT Press, 2003.

[JAM 09a] JAMMEH E., FLEURY M., WAGNER C. *et al.*, "Interval type-2 fuzzy logic congestion control for video streaming across IP networks", *IEEE Transactions on Fuzzy Systems*, vol. 17, no. 5, pp. 1123–1142, 2009.

[JAM 09b] JAMALUDIN J., RAHIM N., HEW W., "Development of a selftuning fuzzy logic controller for intelligent control of elevator systems", *Engineering Applications of Artificial Intelligence*, vol. 22, no. 8, pp. 1167–1178, 2009.

[JAM 10] JAMES B., Hydrogen and Fuel Cells Program and Vehicle Technologies Program Annual Merit Review and Peer Evaluation Meeting (AMR), Directed Technologies, Inc. The 2010 U.S. Department of Energy (DOE), Washington DC, 2010.

[JAM 12] JAMES B.D., "Fuel cell transportation cost analysis, preliminary results", *Proceedings of the 2012 US Department of Energy (DOE) Hydrogen and Fuel Cells Program and Vehicle Technologies Program Annual Merit Reviex and Peer Evaluation Meeting*, Arlington, Virginia, available at: www.hydrogen.energy.gov/annual_review12_fuelcells.html#analysis, 14–18, 2012.

[JAN 93] JANG J.-S., "ANFIS: Adaptive-network-based fuzzy inference system", *IEEE Transactions on Systems, Man, and Cybernetics*, vol. 23, no. 3, pp. 665–685, 1993.

[JAV 15] JAVED K., GOURIVEAU R., ZERHOUNI N., "Data-driven prognostics of proton exchange membrane fuel cell stack with constraint based summation-wavelet extreme learning machine", *6th International Conference on Fundamentals and Development of Fuel Cells, FDFC'15*, Toulouse, France, pp. 1–8, February 2015.

[JEM 04] JEMEÏ S., Modélisation neurale d'une pile à combustible de type PEM, PhD thesis, Université de Franche-Comté, 2004.

[JEM 08a] JEMEÏ S., MULOT J., PERA M.C. *et al.*, "Electric power generation system towards transportation applications: Hybridization of a solid oxide fuel cell auxiliary power unit and batteries", *Fundamentals and Developments of Fuel Cells, Conference 2008*, Nancy, France. p. 143, December 2008.

[JEM 08b] JEMEÏ S., HISSEL D., PÉRA M.C. *et al.*, "A new modeling approach of embedded fuel cell power generators based on artificial neural network", *IEEE Transactions on Industrial Electronics*, vol. 55, no. 1, pp. 437–447, 2008.

[JEM 10] JEMEÏ S., MULOT J., PÉRA M.C. *et al.*, "Test and characterization of Delphi's solid oxide fuel cell auxiliary power units (SOFC APU) fed with natural gas and Diesel fuel", *9th European Solid Oxide Fuel Cell Forum*, Switzerland, 2–161 - 2–177, 2010.

[JEM 11] JEMEÏ S., ESPANET C., HISSEL D. *et al.*, ICARE-CSP: Investigations, CARactérisations et dEveloppement de Compresseurs pour Systèmes PAC de puissance supérieure à 10 kW, Journées plénières du GDR Piles à Combustible et Systèmes (GDR 339), Nantes, June 2011.

[JIN 06] JINRUI N., FENGCHUN S., QINGLIAN R., "A study of energy management system of electric vehicles", *IEEE*, VPPC'06, Windsor, UK, September 2006.

[JOH 07] JOHN R.I., COUPLAND S., "Type-2 fuzzy logic: A historical view", *IEEE Computational Intelligence Magazine*, vol. 2, pp. 57–62, 2007.

[JOU 13] JOUIN M., GOURIVEAU R., HISSEL D. *et al.*, "Prognostics and health management of PEMFC State of the art and remaining challenges", *International Journal of Hydrogen Energy*, vol. 38, no. 35, pp. 15307–15317, 2013.

[JOU 14a] JOUIN M., GOURIVEAU R., HISSEL D. *et al.*, "Prognostics of PEM fuel cell in a particle filtering framework", *International Journal of Hydrogen Energy*, vol. 39, no. 1, pp. 481–494, 2014.

[JOU 14b] JOUIN M., GOURIVEAU R., HISSEL D. *et al.*, "Prognostics of proton exchange membrane fuel cell stack in a particle filltering framework including characterization disturbances and voltage recovery", *Proceedings of the 2014 IEEE International Conference on Prognostics and Health Management*, 2014.

[JOU 15a] JOUIN M., Contribution au pronostic d'une pile à combustible de type PEMFC – approche par filtrage particulaire, PhD thesis, Université de Franche-Comté, December 2015.

[JOU 15b] JOUIN M., GOURIVEAU R., HISSEL D. *et al.*, "Particle filters prognostics for PEMFC power prediction at constant current solicitation", *IEEE Transaction on Reliability*, 2015.

[JOU 16] JOUIN M., BRESSEL M., MORANDO S. *et al.*, "Estimating the end-of-life of PEM fuel cells: Guidelines and metrics", *Applied Energy*, vol. 177, pp. 87–97, 2016.

[KAD 09] KADRI K.E., Contribution à la conception d'un générateur hybride d'énergie électrique pour véhicule: modélisation, simulation, dimentionnement, PhD thesis, Université de Technologie de Belfort- Montbéliard, 2009.

[KAW 08] KAWAMURA A., PAVLOVSKY M., TSURUTA Y., "State-of-the-art high power density and high efficiency DC-DC chopper circuits for HEV and FCEV applications", *13th International Power Electronics and Motion Control Conference*, vol. 1, no. d. IEEE, pp. 7–20, September 2008.

[KAZ 03] KAZLOWSKI J., "Electromechanical cell prognotics using online impedence measurments and model-based data fusion techniques", *Proceedings of the 2003 IEEE Aerospace Conference*, vol. 7, pp. 3257–3270, 2003.

[KEL 05] KELLY M., EGGER B., FAFILEK G. *et al.*, "Conductivity of polymer electrolyte membranes by impedance spectroscopy with microelectrodes", *Solid State Ionics*, vol. 176, nos 25–28, pp. 2111–2114, August 2005.

[KER 09] KERMANI S., Gestion énergétique des véhicules hybrides: de la simulation à la commande temps réel, PhD thesis, Université de Valenciennes et du Hainaut Cambrésis, p. 213, 2009.

[KIM 14] KIM T., KIM H., HA J. *et al.*, "A degenerated equivalent circuit model and hybrid prediction for state-of-health (SOH) of PEM fuel cell", *IEEE PHM Conference 2014*, pp. 1–7, June 2014.

[KIS 10] KISHOR N., MOHANTY S.R., "Fuzzy modeling of fuel cell based on mutual information between variables", *International Journal of Hydrogen Energy*, vol. 35, no. 8, pp. 3620–3631, 2010.

[KOC 12] KOCHA S.S., "Chapter 3 – electrochemical degradation: Electrocatalyst and support durability", in MENCH M.M., KUMBUR E.C., VEZIROGLU T.N. (eds), *Polymer Electrolyte Fuel Cell Degradation*, Academic Press, pp. 89–214, 2012.

[KON 03] KONRAD G., SOMMER M., LOSCHKO B. *et al.*, "System design for vehicle applications: Daimler chrysler", in VIELTSTICH W., LAMM A., GASTEIGER H. (eds), *Handbook of Fuel Cell Technology – Fundamentals, Technology and Applications*, vol. 4, John Wiley & Sons Inc., New York, pp. 693–713, 2003.

[KON 15] KONNO N., MIZUNO S., NAKAJI H. *et al.*, "Development of compact and high-performance fuel cell stack", *SAE International Journal of Alternative Powertrains*, vol. 4, no. 1, pp. 123–129, doi:10.4271/2015-01-1175, 2015.

[KOS 08] KOSEKI H., YOSHIMURA K., "Estimation of electromechanical models of power system using ARMA model based on gross spectrum", *2nd IEEE International Conference on Power and Energy PECon08*, Malaysia, 2008.

[KUL 10] KULKARNI C., BISWAS G., KOUTSOUKOS X. *et al.*, "Integrated diagnostic/prognostic experimental setup for capacitor degradation and health monitoring", *2010 IEEE Autotestcon*, pp. 1–7, September 2010.

[KUN 06] KUNDU S., FOWLER M., SIMON L., "Morphological features (defects) in fuel cell membrane electrode assemblies", *Journal of Power Sources*, vol. 157, no. 2, pp. 650–656, July 2006.

[KUN 12] KUNUSCH C., PULESTON P., MAYOSKY M., *Sliding-Mode Control of PEM Fuel Cells*, Springer Verlag, 2012.

[KUR 08] KURZ T., HAKENJOS A., KRÄMER J. *et al.*, "An impedance-based predictive control strategy for the state-of-health of PEM fuel cell stacks", *Journal of Power Sources*, vol. 180, pp. 742–747, 2008.

[KUR 14] KURIA KIMOTHO J., MEYER T., SEXTRO W., "PEM fuel cell prognostics using particle filter with model parameter adaptation", *IEEE PHM Conference 2014*, pp. 1–6, June 2014.

[KUT 10] KUTTER S., BÄKER B., "Predictive online control for hybrids - resolving the conflict between global optimality, robustness and real-time capability", *IEEE*, vol. 978-1-4244-8218-4/10/, pp. 1–6, 2010.

[LAG 13] LAGHROUCHE S., MATRAJI I., AHMED F.S. *et al.*, "Load governor based on constrained extremum seeking for PEM fuel cell oxygen starvation and compressor surge protection", *International Journal of Hydrogen Energy*, vol. 38, no. 33, pp. 14314–14322, 4 November 2013.

[LAP 87] LAPEDES A., FARBER R., Nonlinear signal processing using neural network: Prediction and modeling, Technical report, LA-UR 87-2662, Los Alamos National Laboratory, New Mexico, 1987.

[LAR 10] LARGER L., DUDLEY J.M., "Nonlinear dynamics optoelectronic chaos", *Nature*, vol. 465, no. 7294, pp. 41–42, 2010.

[LEC 15] LECHARTIER E., LAFFLY E., PÉRA M.C. *et al.*, "Proton exchange membrane fuel cell behavioral model suitable for prognostics", *International Journal of Hydrogen Energy*, vol. 40, pp. 8384–8397, 26 July 2015.

[LES 10] LESCOT J., SCIARRETTA A., CHAMAILLARD Y. *et al.*, "On the integration of optimal energy management and thermal management of hybrid electric vehicles", *Vehicle Power and Propulsion Conference (VPPC), 2010 IEEE*, pp. 1–6, September 2010.

[LI 14a] LI Z., Data-driven fault diagnosis for PEMFC systems, PhD thesis, Université de Franche-Comté et d'Aix-Marseille, 2014.

[LI 14b] LI Z., GIURGEA S., OUTBIB R. *et al.*, "Online diagnosis of PEMFC by combining support vector machine and fluidic model", *Fuel Cells*, vol. 14, no. 3, pp. 448–456, 2014.

[LI 16] LI Z., GIURGEA S., OUTBIB R. *et al.*, "Online implementation of SVM based fault diagnosis strategy for PEMFC systems", *Applied Energy*, vol. 164, pp. 284–293, 2016.

[LIA 08] LIAO R., CHAN C., HROMEK J. *et al.*, "Fuzzy logic control for a petroleum separation process", *Engineering Applications of Artificial Intelligence*, vol. 21, no. 6, pp. 835–845, 2008.

[LIN 96] LIN T., HORNE B., GILES C., "How memory order effect the performance of NARX networks", *Inst. Adv. Comput.studies*, University of Maryland, College Park, Tech. Rep. UMIACS-TR-96-76 and CSTR-3706, 1996.

[LIN 04] LIN C., PENG H., GRIZZLE J., "Power management strategy for a parallel hybrid electric truck", *IEEE Transactions on Control Systems Technology*, vol. 11, no. 6, pp. 839–849, 2004.

[LIN 11] LIN X., YANG Z., SONG Y., "Intelligent stock trading system based on improved technical analysis and Echo State Network", *Expert Systems with Applications*, vol. 38, no. 9, pp. 11347–11354, September 2011.

[LIU 06] LIU Z., YANG L., MAO Z. *et al.*, "Behavior of PEMFC in starvation", *Journal of Power Sources*, vol. 157, pp. 166–176, 2006.

[LUT 04] LUTSEY N., BRODRICK C.-J., SPERLING D., "Oglesby C., Heavy-duty truck idling characteristics: Results from a nationwide truck survey", *Transportation Research Record: Journal of the Transportation Research Board*, no. 1880, pp. 29–38, 2004.

[LUT 05] LUTSEY N., SPERLING D., "Energy efficiency, fuel economy and policy implications", Transportation Research Record, (1941), 8–17. DOI: 10.3141/ 1941-02, 2005.

[MAA 02] MAASS W., NATSCHLÄGER T., MARKRAM H., "Real-time computing without stable states: A new frame-work for neural computation based on perturbations", *Neural Compututations*, vol. 14, pp. 2531–2560, 2002.

[MAK 97] MAKRIDAKIS S., HIBON M., "ARMA Models and the Box-Jenkins Methodology", *Journal of Forecasting*, vol. 16, pp. 147–163, 1997.

[MAL 99] MALLAT S., *A Wavelet Tour of Signal Processing*, Elsevier, 1999.

[MAL 08] MALLAT S., *A Wavelet Tour of Signal Processing*, Academic Press, 2008.

[MAL 09] MALLAT S., *A Wavelet Tour of Signal Processing, the Sparse Way*, 3rd edition, Academic Press, 2009.

[MAR 12] MARTINENGHI R., RYBALKO S., JACQUOT M. *et al.*, "Photonic nonlinear transient computing with multiple-delay wavelength dynamics", *Physical Review Letters*, 2012.

[MAS 03] MASTEN DA., BOSCO AD., "System design for vehicle applications: Daimler Chrysler", in VIELTSTICH W. LAMM A., GASTEIGER H. (eds), *Handbook of Fuel Cell Technology – Fundamentals, Technology and Applications*, John Wiley & Sons Inc., New York, vol. 4, pp. 714–724, 2003.

[MAT 13] MATRAJI I., LAGHROUCHE S., JEMEÏ S. *et al.*, "Robust control of the PEM fuel cell air-feed system via sub-optimal second order sliding mode", *Applied Energy*, vol. 104, pp. 945–957, April 2013.

[MCC 81] MCCARTY R.D., HORD J., RODER H.M., "Selected properties of hydrogen (Engineering Design Data)", *Center for Chemical Engineering, National Engineering Laboratory, National Bureau of Standards*, Boulder, Colorado, NBS Report No. 168, February 1981.

[MEN 11] MENCH M.M., KUMBUR E.C., VEZIROGLU T.N., *Polymer Electrolyte Fuel Cell Degradation*, Elsevier Science, 2011.

[MIS 07a] MISITI M., MISITI Y., OPPENHEIM G. *et al.*, *Les ondelettes et leurs applications*, Lavoisier (eds.), Paris, 2007.

[MIS 07b] MISITI M., MISITI Y., OPPENHEIM G. *et al.*, *Wavelets and Their Applications*, ISTE Ltd, 2007.

[MOR 06] MORENO J., ORTUZAR M., DIXON J., "Energy-management systems for a hybrid electric vehicle, using ultracapacitors and neural networks", *IEEE, Trans. on Industrial Electronics*, vol. 53, no. 2, pp. 614–623, April 2006.

[MOR 14] MORANDO S., JEMEÏ S., GOURIVEAU R. *et al.*, "Fuel cells remaining useful lifetime forecasting using echo state network", in *Vehicle Power and Propulsion Conference (VPPC'14)*, pp. IS1–4, October 2014.

[MOR 15a] MORANDO S., Contribution au pronostic de durée de vie d'une pile à combustible à membrane echangeuse de protons, PhD thesis, Université de Franche-Comté, 2015.

[MOR 15b] MORANDO S., JEMEÏ S., HISSEL D. *et al.*, "ANOVA method applied to PEMFC ageing forecasting using an Echo State Network", *Mathematics and Computers in Simulation Journal*, 2015.

[MOR 17] MORANDO S., JEMEÏ S., HISSEL D. *et al.*, "Proton exchange membrane fuel cell ageing forecasting algorithm based on Echo State Network", *International Journal of Hydrogen*, vol. 42, no. 2, pp. 1472–1480, 2017.

[MRÓ 15] MRÓZ W., BUDNER B., TOKARZ W. *et al.*, "Ultra-low-loading pulsed-laser-deposited platinum catalyst films for polymer electrolyte membrane fuel cells", *Journal of Power Sources*, vol. 273, pp. 885–893, doi:10.1016/j.jpowsour.2014.09.173, 1 January 2015.

[MUL 08] MULLER A., SUHNER M.C., IUNG B., "Formalisation of a new prognosis model for supporting proactive maintenance implementation on industrial system", *Reliability Engineering & System Safety*, vol. 93, no. 2, pp. 234–253, 2008.

[MUL 09] MULOT J., Contribution à l'analyse et à la caractérisation d'une alimentation auxiliaire de puissance utilisant une pile à combustible à oxyde solide (APU SOFC) pour les applications transport, PhD thesis, Université de Technologie de Belfort-Montbéliard, 2009.

[MUL 11] MULOT J., JEMEÏ S., PÉRA M.C. *et al.*, "Dynamic and Environmental Performances of Solid Oxide Fuel Cell Systems fed with natural gas and diesel fuel", *Fundamentals & Developments of Fuel Cells (FDFC)*, S7-O8, France, p. 12, 2011.

[NAU 99] NAUCK D., KRUSE R., "Obtaining interpretable fuzzy classification rules from medical data", *Artificial Intelligence in Medicine*, vol. 16, no. 2, pp. 149–169, June 1999.

[NOT 17] NOTRE PLANÈTE, Hyperlink, available at: https://www.notre-planete.info/ecologie/energie/geothermie.php?54539, 2017.

[OBS 13] OBSERV, "La production d'électricité d'origine renouvelable dans le monde", *EDF*, available at: http://www.energies-renouvelables.org/observ-er/html/inventaire/pdf/15e-inventaire-Chap01-Fr.pdf, 2013.

[ONA 12] ONANENA R., Diagnostic non-intrusif à base de reconnaissance de formes appliqué aux piles à combustible de type PEM, Thesis, Université de Franche-Comté, p. 136, 2012.

[ONG 13] ONGENAE F., VAN LOOY S., VERSTRAETEN D. *et al.*, "Time series classification for the prediction of dialysis in critically ill patients using echo statenetworks", *Engineering Applications of Artificial Intelligence*, vol. 26, pp. 984–996, 2013.

[ORT 07] ORTUZAR M., MORENO J., DIXON J. *et al.*, "Ultracapacitor-based auxiliary energy system for an electric vehicle: Implementation and evaluation", *IEEE, Trans on Industrial Electronics*, vol. 54, no. 4, pp. 2147–2156, August 2007.

[OST 94] OSTWALD W., Die wissenschaftliche Elektrochemie der Gegenwart und die technische der Zukunft, *Z. für Elektrotechnik und Elektrochemie*, vol. 3. pp. 81–84 and 122–125, 1894.

[PAH 14a] PAHON E., JEMEÏ S., HAREL F. *et al.*, "k-Nearest neighbours fault diagnosis of proton exchange membrane fuel cell", *IDHEA Conference*, p. 9, 2014.

[PAH 14b] PAHON E., OUKHELLOU L., HAREL F. *et al.*, "Fault diagnosis and identification of proton exchange membrane fuel cell using electrochemical impedance spectroscopy classification", *ELECTRIMACS Conference*, p. 6, 2014.

[PAH 15a] PAHON E., YOUSFI-STEINER N., JEMEÏ S. *et al.*, "A signal-based method for a proton exchange membrane fuel cell fault diagnosis", *6th International Conference on Fundamentals and Developments of Fuel Cells, FDFC'2015*, Toulouse, France, p. 8, 2015.

[PAH 15b] PAHON E., Contribution au diagnostic de systèmes pile à combustible et accumulateurs electrochimiques, PhD thesis, Université de Franche-Comté, 2015.

[PAH 16] PAHON E., YOUSFI STEINER N., JEMEÏ S. *et al.*, "A signal based method for fast PEMFC diagnosis", *Applied Energy*, vol. 165, pp. 748–758, 2016.

[PAY 03] PAY S., BAGHZOUZ Y., "Effectiveness of battery-supercapacitor combination in electric vehicles", *PowerTech Conference, IEEE*, Bologna, Italy, 23–26 June 2003.

[PEH 03] PEHNT M., "Life cycle analysis of fuel cell system components", in VIELTSTICH W., LAMM A., GASTEIGER H. (eds), *Handbook of Fuel Cell Technology – Fundamentals, Technology and Applications*, John Wiley & Sons Inc., New York, vol. 4, pp. 1293–1317, 2003.

[PEN 14] PENG Z.K., CHU F.L., "Application of the wavelet transform in machine condition monitoring and fault diagnostics: A review with bibliography", *Mechanical Systems and Signal Processing*, vol. 18, pp. 199–221, 2014.

[PÉR 06a] PÉRA M.C., Modélisation de systèmes de conversion d'énergie électrique complexes, HDR, Université de Franche-Comté, 2006.

[PÉR 06b] PÉREZ L., BOSSIO G., MOITRE D. *et al.*, "Optimization of power management in an hybrid electric vehicle using dynamic programming", *Mathematics and Computers in Simulation*, vol. 73, nos 1–4, pp. 244–254, 2006.

[PÉR 13] PÉRA M.C., HISSEL D., GUALOUS H. *et al.*, *Electrochemical Components*, ISTE Ltd, London and John Wiley & Sons, 2013.

[PET 13] PETRONE R., ZHENG Z., HISSEL D. *et al.*, "A review on model-based diagnosis methodologies for PEMFCs", *Int. J. of Hydrogen Energy*, vol. 38, pp. 7077–7091, 2013.

[PRO 14] PROJET DIAPASON2, available at: http://www.agence-nationalerecherche. fr/?Projet=ANR-10-HPAC-0002, 2011–2014.

[PUS 02] PUSCA R., AMIRAT Y., BERTHON A. *et al.*, "Modeling and simulation of a traction control algorithm for an electric vehicle with four separate wheel drives", *Vehicle Technology Conference VTC'02, IEEE*, pp. 1671–1675, 2002.

[RAJ 00] RAJASHERKARA K., "Propulsion system strategies for fuel cell vehicles", S*ociety of Automotive Engineers*, SAE Paper no. 2000-01-0369, Warrendale, PA, 2000.

[RAU 01] RAUDYS S., *Statistical and Neural Classifiers: An Integrated Approach to Design*, Springer-Verlag, London, 2001.

[RIB 09] RIBOT P., Vers l'intégration diagnostic/pronostic pour la maintenance des systèmes complexes, PhD thesis, Université de Toulouse, 2009.

[ROS 01] ROSSO O.A., BLANCO S., YORDANOVA J. *et al.*, "Wavelet entropy: A new tool for analysis of short duration brain electrical signals", *Journal of Neuroscience Methods*, vol. 105, pp. 65–75, 2001.

[ROS 04] ROSSO O.A., FIGLIOLA A., "Order/disorder in Brain Electrical Activity", *Rev. Mex. Fis*, vol. 50, no. 2, pp. 149–155, 2004.

[RUB 07] RUBIO M.A., URQUIA A., DORMIDO S., "Diagnosis of PEM fuel cells through current interruption", *Journal of Power Sources*, Elsevier, 2007.

[RUB 10] RUBIO M.A., URQUIA A., DORMIDO S., "Diagnosis of performance degradation phenomena in PEM fuel cells", *International Journal of Hydrogen Energy*, vol. 35, pp. 2586–2590, 2010.

[SAH 09] SAHA B., GOEBEL K., CHRITOPHERSEN J., "Comparision of pronostic algorithms for estimating remaning useful life of batteries", *Transactions of the Institute of Measurement and Control*, 2009.

[SAI 95] SAITO N., COIFMAN R.R., "Local discriminant bases and their applications", *Journal of Mathematical Imaging and Vision*, vol. 5, pp. 337–358, 1995.

[SAL 05] SALWANI M., JASMY Y., "Relative wavelet energy as a tool to select suitable wavelet for artificial removal in EEG", *First International Conference on Computer, Communication and Signal Processing With Special Track on Biomedical Engineering, CCSP*, 2005.

[SAL 07] SALMASI F.R., "Control strategies for hybrid electric vehicles: Evolution, classification, comparison and future trends. IEEE", *Transaction on Vehicular Technology*, vol. 56, no. 3, pp. 2393–2404, September 2007.

[SAN 14a] SANCHEZ R.E., GOURIVEAU R., JEMEÏ S. *et al.*, "Steiner N. Y. Proton exchange membrane fuel cell degradation prediction based on adaptive neuro-fuzzy inference systems", *International Journal of Hydrogen Energy*, vol. 39, no. 21, pp. 11128–11144, 2014.

[SAN 14b] SANCHEZ R.S., HAREL F., JEMEÏ S. *et al.*, "Proton exchange membrane fuel cell operation and degradation in short-circuit", *Fuel Cells Journal*, vol. 14, no. 2, pp. 894–905, DOI: 10.1002/fuce.201300216, 2014.

[SAN 15] SANCHEZ R.E., Contribution au pronostic de durée de vie des systèmes pile à combustible de type PEMFC, Thesis, Franche-Comté et de l'Université de Quebec Trois-Rivières, 2015.

[SCH 08] SCHMITTINGER W., VAHIDI A., "A review of the main parameters influencing longterm performance and durability of PEM fuel cells", *Journal of Power Sources*, vol. 180, no. 1, pp. 1–14, 2008.

[SCH 12] SCHMIDT K., BOUTALIS Y., "Fuzzy discrete event systems for multi-objective control: Framework and application to mobile robot navigation", *IEEE Transactions on Fuzzy Systems*, no. 99, 2012.

[SHU 11] SHUMWAY R., STOFFER D., *Time Series Analysis and Its Applications*, Springer New York, 2011.

[SIN 03] SINGHAL S.C., KENDALL K., "High temperature solid oxide fuel cells: fundamentals, design and applications", Elsevier Science Ltd, Oxford, UK, 2003.

[SOL 11] SOLANO J., HISSEL D., PERA M.-C. *et al.*, "Practical control structure and energy management of a testbed hybrid electric vehicle", *IEEE Transactions on Vehicular Technology*, vol. 60, no. 9, pp. 4139–4152, 2011.

[SOL 12a] SOLANO J., JOHN R.I., HISSEL D *et al.*, "A survey based type-2 fuzzy logic system for energy management in hybrid electric vehicles", *Information Sciences*, vol. 190, pp. 192–207, 2012.

[SOL 12b] SOLANO J., Energy management of a hybrid electric vehicle: An approach based on type-2 fuzzy logic, PhD thesis, Franche-Comté University, 2012.

[SOR 09] SORRENTINO M., PIANESE C., "Grey-box modeling of SOFC unit for design, control and diagnostics applications", *European Fuel Cell Forum*, 2009.

[SOR 12] SORENSEN B., *Hydrogen and Fuel Cells, Emerging Technologies and Applications*, 2nd edition, Elsevier Ltd, 2012.

[SOU 13] SOUALHI A., Du diagnostic au pronostic de pannes des entrainements électriques, PhD thesis, Université Claude Bernard Lyon 1, September 2013.

[STE 04] STEIL J.J., "Backpropagation-decorrelation, online recurrent learning with O(N) complexity", *Proceedings of the International Joint Conference on Neural Networks*, vol. 2, pp. 843–848, 2004.

[STO 03] STONE R., "Competing technologies for transportation", in HOOGERS G. (ed.), *Fuel Cell Technology Handbook*, CRC Press, Boca Raton, 2003.

[TAN 08] TANIGUCHI A., AKITA T., YASUDA K. *et al.*, "Analysis of degradation in PEMFC caused by cell reversal during air starvation", *International Journal of Hydrogen Energy*, vol. 33, pp. 2323–2329, 2008.

[TAN 13] TANT S., Contribution au diagnostic d'empilements PEMFC par spectroscopie d'impédance électrochimique et méthodes acoustiques, PhD thesis, Université de Grenoble, July 2013.

[TAW 12] TAWFIK H., HUNG Y., MAHAJAN D., "Chapter 5 – bipolar plate durability and challenges", in MENCH M.M., KUMBUR E.C., VEZIROGLU T.N. (eds), *Polymer Electrolyte Fuel Cell Degradation*, Academic Press, pp. 249–291, 2012.

[TEK 04] TEKIN M., Contribution à l'optimisation énergétique d'un système pile à combustible embarqué, PhD thesis, Université de Franche-Comté, December 2004.

[THO 09] THOUNTHONG P., SETHAKUL P., RAEL S. *et al.*, "Performance evaluation of fuel cell/battery/supercapacitor hybrid power source for vehicle applications", *Industry Applications Society Annual Meeting, 2009. IAS 2009. IEEE*, pp. 1–8, 2009.

[TOY 13] TOYOTA, Toyota global, available at: http://www.toyotaglobal.com/innovation/environmental-technology/technology-file/, 2013.

[UFE 14] UFE, "Le rôle de l'hydrogène dans un mix énergétique décarboné", Observatoire de l'Industrie Électrique, February 2014.

[USD 14] US DEPARTMENT OF ENERGY, Hydrogen. Fuel Cells and Infrastructure Technologies Program, Multi Year Research, Development and Demonstration Plan, Planned program activities for 2005-2015, Technical Plan, available at: http://energy.gov/sites/prod/files/2014/12/f19/fcto_myrdd_fuel_cells.pdf, updated November 2014.

[VER 74] VERNE J., *L'île mystérieuse*, Hetzel, 1874.

[VER 07] VERSTRAETEN D., SCHRAUWEN B., D'HAENE M. *et al.*, "An experimental unification of reservoir computing methods", *Neural Networks*, vol. 20, no. 3, pp. 391–403, 2007.

[VIA 14] VIANNA W.O.L., DE MEDEIROS I.P., AFLALO B.S. *et al.*, "Proton exchange membrane fuel cells (PEMFC) impedance estimation using regression analysis", *IEEE PHM Conference 2014*, pp. 1–8, June 2014.

[VIE 03] VIELSTICH W., LAMM A., GASTEIGER H.A., *Handbook of Fuel Cell – Volume 4: Fundamentals Technology and Applications*, John Wiley & Sons Inc., New York, March 2003.

[VIN 10] VINOT E., TRIGUI R., JEANNERET B., "Optimal management of electric vehicles with a hybrid storage system", *Vehicle Power and Propulsion Conference (VPPC), 2010 IEEE*, pp. 1–6, 2010.

[WAD 10] WADI A., ISMAIL M., KARIM S., "A comparision between Haar wavelet transform and fast Fourier transform in analysing financial time series data", *Research Journal of Applied Sciences*, vol. 5, pp. 352–2360, 2010.

[WAG 04] WAGNER N., GÜLZOW E., "Change of electrochemical impedance spectra (EIS) with time during CO-poisoning of the Pt-anode in membrane fuel cell", *Journal of Power Sources*, vol. 127, pp. 341–347, 2004.

[WAG 09] WAGNER C., HAGRAS H., "Novel methods for the design of general yype-2 fuzzy sets based on device characteristics and linguistic labels surveys", *Proceedings of 2009 IFSA World Congress, Eusflat World Conference*, Lisbon, Portugal, July 2009.

[WAG 10] WAGNER C., HAGRAS H., "Toward general type-2 fuzzy logic systems based on zSlices", *IEEE Transactions on Fuzzy Systems*, vol. 18, no. 4, pp. 637–660, August 2010.

[WAN 11a] WANG H., LI H., YUAN X., *PEM Fuel Cell Durability Handbook*, Taylor & Francis Group, 2011.

[WAN 11b] WANG K., HISSEL D., PÉRA M.C. *et al.*, "A review on solid oxide fuel models", *International Journal of Hydrogen Energy*, vol. 36, pp. 7212–7228, 2011.

[WAN 12] WANG K., Ex-situ and in-situ diagnostic algorithms and methods for solid oxide fuel cell systems, PhD thesis, University of Franche-Comte, p. 168, 2012.

[WAN 13a] WANG H., LISERRE M., BLAABJERG F., "Toward reliable power electronics: Challenges, design tools, and opportunities", *IEEE Industrial Electronics Magazine*, vol. 7, no. 2, pp. 17–26, June 2013.

[WAN 13b] WANG H., ZHOU D., BLAABJERG F., "A reliability-oriented design method for power electronic converters", *2013 Twenty-Eighth Annual IEEE Applied Power Electronics Conference and Exposition (APEC)*, pp. 2921–2928, March 2013.

[WAN 14] WANG H., LISERRE M., BLAABJERG F. *et al.*, "Transitioning to physics-of-failure as a reliability driver in power electronics", *IEEE Journal of Emerging and Selected Topics in Power Electronics*, vol. 2, no. 1, pp. 97–114, March 2014.

[WAS 10] WASTERLAIN S., Approches expérimentales et analyse probabiliste pour le diagnostic de pile à combustible de type PEM, Thesis, Université de Franche-Comté, 2010.

[WIA 00] WIARTALLA A., PISCHINGER S., BORNSCHEUER W. *et al.*, "Compressor expander units for fuel cell systems", *Society Automotive Engineers Inc.*, 2000.

[WIL 08] WILTCHKO A., GAGE G., BERKE J., "Wavelet transform before spike detection preserves waveform shape and enhances singleunit discrimination", *Journal of Neurosciences Methods*, vol. 173, pp. 34–40, 2008.

[WU 05] WU J.-D., CHEN J.-C., "Continuous wavelet transform technique for fault signal diagnosis of internal combustion engines", *NDT&E International Pages*, pp. 1–8, 2005.

[WU 08a] WU J., YUAN X.Z., MARTIN J.J. *et al.*, "A review of pem fuel cell durability: Degradation mechanisms and mitigation strategies", *Journal of Power Sources*, vol. 184, no. 1, pp. 104–119, 2008.

[WU 08b] WU J., YUAN X.Z., WANG H. *et al.*, "Diagnostic tools in PEM fuel cell research: Part I Electrochemical techniques", *International Journal of Hydrogen Energy*, vol. 33, pp. 1735–1746, 2008.

[WU 08c] WU X.-J., ZHU X.-J., CAO G.-Y. *et al.*, "Nonlinear modeling of a SOFC stack based on ANFIS identification", *Simulation Modelling Practice and Theory*, vol. 16, no. 4, pp. 399–409, 2008.

[WUR 97] WURSTER R., PEM Fuel Cells in stationary and mobile applications, Biel conference, available at: http://www.hyweb.de/knowledge, 1997.

[YAN 07] YAN R., Base wavelet selection criterion for non-stationnary vibration analysis in bearning health diagnosis, Thesis, University of Massachussets Amherst, 2007.

[YAO 13] YAO B., CHEN H., HE X.-Q. *et al.*, "Reliability and failure analysis of DC/DC converter and case studies", *2013 International Conference on Quality, Reliability, Risk, Maintenance, and Safety Engineering (QR2MSE) IEEE*, pp. 1133–1135, July 2013.

[YOU 09a] YOUSFI-STEINER N., MOÇOTÉGUY P., CANDUSSO D. *et al.*, "A review on polymer electrolyte membrane fuel cell catalyst degradation and starvation issues: Causes, consequences and diagnostic for mitigation", *Journal Power Sources*, vol. 194, no. 1, pp. 130–145, October 2009.

[YOU 09b] YOUSFI-STEINER N., HISSEL D., CANDUSSO D. *et al.*, Détection de défaut dans un dispositif électrochimique; brevet d'invention; demande prioritaire: FR 09 54357; Extension de la protection N: PCT/FR2010/051295, patent N° US20120116722, 25 June 2009.

[YOU 09c] YOUSFI-STEINER N., Diagnostic non intrusif de groupes électrogènes à piles à combustible de type PEMFC, PhD thesis, Université de Franche-Comté, 2009.

[YOU 11a] YOUSFI-STEINER N., HISSEL D., MOÇOTEGUY P. *et al.*, "Non intrusive diagnosis of polymer electrolyte fuel cells by wavelet packet transform", *International Journal of Hydrogen Energy*, vol. 36, pp. 740–746, 2011.

[YOU 11b] YOUSFI-STEINER N., HISSEL D., MOÇOTÉGUY P. *et al.*, "Diagnosis of polymer electrolyte fuel cells failure modes (flooding & drying out) by neural networks modeling", *Int. J. of Hydrogen Energy*, vol. 36, no. 4, pp. 3067–3075, 2011.

[YUA 07] YUAN X., WANG H., SUN J.C. *et al.*, "AC impedance technique in PEM fuel cell diagnosis-A review", *International Journal of Hydrogen Energy*, vol. 32, pp. 4365–4380, 2007.

[YUA 12] YUAN X.Z., ZHANG S., BAN S. *et al.*, "Degradation of a PEM fuel cell stack with Nafion® membranes of different thicknesses. Part II: Ex situ diagnosis", *Journal of Power Sources*, vol. 205, pp. 324–334, May 2012.

[ZAD 65] ZADEH L., "Fuzzy sets", *Information and Control*, vol. 8, pp. 338–353, 1965.

[ZHA 12] ZHANG X., PISU P., "An unscented kalman filter based approach for the healthmonitoring and prognostics of a polymer electrolyte membrane fuel cell", *Proceedings of the Annual Conference of the Prognostics and Health Management Society*, 2012.

[ZHE 13a] ZHENG Z., PETRONE R., PÉRA M.C. *et al.*, "A review on non-model based diagnosis methodologies for PEM fuel cell stacks and systems", *International Journal of Hydrogen Energy*, pp. 1–13, 2013.

[ZHE 13b] ZHENG Z., PETRONE R., PÉRA M.C. *et al.*, *39th Annual Conference of the IEEE Industrial Electronics Society (IECON)*, pp. 1595–1600, 2013.

[ZHE 14] ZHENG Z., On-line faul diagnosis of PEMFC stacks via on non-model based methods and EIS measurements, Thesis, Université de Franche-Comté, September 2014.